# 新手養狗
## 實用小百科

小布的狗爸爸
**蕭敦耀** 著

朱雀文化

## 序 用心當個快樂的狗爸媽

　　小時候看老一輩的人養狗，大概都是剩菜拌飯給牠吃，自來水裝一裝給牠喝，家裡養的狗也從來不准入家門，永遠窩在門外的小角落，慘一點的甚至要餐風露宿等等，那時年紀小不懂事，懵懵懂懂似乎也覺得養狗不過就是這麼一回事；等到後來長大了，開始也作了第一次的狗爸爸，才慢慢發現到，其實養狗真的不是這麼簡單的！

　　很多朋友總覺得養狗是一件很簡單的事，但自從自己開始養狗之後，才發現原來許多大家原本習以為常的觀念，似乎都是不對的；用不正確的觀念去照顧你的狗，也難怪狗總是三天兩頭生病，挑食、愛鬧脾氣又不服從你的命令，如果你也有過這些問題，請你要知道，問題是出在身為飼主的你，而不是牠的身上喔！

　　養狗，你當然可以隨便養養，但是，你也可以選擇把牠當成你的家人、你的子女，用心去照顧牠、疼愛牠，讓牠這個短短十數載的生命過得快樂且精彩。我很慶幸，在養狗的這條路上，一直有許多的朋友、醫師以及熱心的網友提供很多正確的方法及觀念，讓我的狗兒子小布到現在為止出門都是人見人誇的漂亮健康狗狗，但我更希望能將這些一路走來的寶貴經驗，分享給所有愛狗的朋友，讓你家的狗兒，也能跟我家的狗兒子一樣，頭好壯壯、身體健康，這樣除了會讓你的狗活得更快樂以外，你也一定會是一位開心的飼主喔！

小布的狗爸爸

蕭敦耀

目錄
Contents

目錄
Contents

# PART1
## 想養一隻狗

「養狗」這件事，說來簡單，但又可以很不簡單，
在本書一開始，我們就先針對養狗所需要的概念及規畫，
為你做一些簡單的導覽吧！

Part 01
想弄一條狗

# 養狗好？還是養貓好？

01

講到養寵物，一般人最直接想到的就是貓與狗了，許多人在開始計畫飼養寵物的時候，都會猶豫究竟該選擇什麼，到底是養一隻有個性的貓咪好？還是養一隻忠心的狗狗比較好呢？就讓我以多年飼養貓、狗的經驗，為你分析到底哪一種寵物比較適合你！

## 貓的特性：

### ★具獨立性

在養貓和養狗的選擇上，我們可以很簡單地告訴你，如果你怕麻煩，那你就養貓吧！為何這麼說？因為基本上貓是種相當獨立的動物，而且「幾乎」可以「完全」照顧自己（當然，除了幫牠買飼料這件事情以外），所以如果你怕麻煩，但又想隻寵物，你可能只能選擇養一隻貓咪！

### ★食量少

在食物方面，你只需要為貓咪準備好固定的飼料即可，因為貓咪不像狗狗對各種的食物都有興趣，就算你要給貓咪額外的零食，牠也未必會領情，可能看都不看一眼就走了。另外，貓咪的食量若與狗兒比較起來真的是小得多，而且貓咪也不會像狗狗一樣看到喜歡的食物就硬塞，非得把全部吃光光不可，一包飼料至少可以讓一隻貓咪吃上一至兩個月，而這也是為什麼一般貓飼料都是小包裝的原因。

貓飼料幾乎
都以小包裝
為主。

貓咪看起
來就比狗
兒冷酷。

### ★愛乾淨且自得其樂

最讓狗飼主頭痛的排泄問題，在貓咪身上可說是從來都不成問題，因為在貓沙上方便是貓咪與生俱來的本能，甚至幾乎不用教也不用學，每一隻貓咪都會這麼做，你只要準備足夠的貓沙並且定期進行清理即可，不像狗狗需要很長時間的教育，才能夠在定點大、小便。

至於洗澡呢？貓咪的洗澡也比狗兒輕鬆，貓咪平常會自行梳整自己的皮毛，而且貓咪身上並不會有太重的味道，所以貓可說是一種非常愛乾淨的動物，飼主只需要2周至一個月幫牠們洗澡一次即可！

另外，貓咪不像狗狗需要許多的玩具，對貓咪最有吸引力的就是逗貓棒了，飼主只要花個數十至數百元，然後拿著買來的逗貓棒和貓咪玩耍，牠就會非常開心了，有時候只要給牠一個毛線球，甚至是只要一根線，就可以讓牠自得其樂很久！

只要準備了貓沙，貓咪就
會乖乖在此如廁了。

### ★個性酷

　　雖然貓咪有上述的許多優點，不過牠也不是完全沒有缺點的寵物，一般來說，貓咪給人一種陰沉、無情、冷血的感覺，而且大部分的貓都很有個性，當你想要叫牠過來給你來個抱抱的時候，牠大概都不會理你，而且雖然你和牠住在同一個屋簷下，就算你回來走進家門，牠也不一定會出來迎接你，當你要出門時，牠也絕對不會表現出一副依依不捨的模樣，在你的腳邊磨蹭；如果你希望跟牠們有近距離的接觸，除非是在牠心情好，想要找你玩、對你撒嬌的時候，牠才會走過來讓你碰到牠。

　　另外，貓與狗有一個很大的差別，就是你絕對不能對貓咪有任何的體罰措施，無論你只是打牠的屁股，或者是在牠的臉頰上輕輕地給牠一個巴掌，我向你保證，你家的貓咪絕對會記得你今天對牠所做的，有時候牠做錯了事情，就算你只是大聲地斥責牠而並沒有任何實質的體罰行為，都會讓牠記恨許久。

## 狗的特性：

### ★依賴性強

　　如果你天生不怕麻煩，而且又喜歡被需要、被依賴的感覺，那養狗準沒錯！

### ★胃口好得不得了

　　大多數的狗都很愛吃，而且體型越大的狗食量越是驚人，以本身的經驗而言，我養的是是一隻體重將近40公斤的拉布拉多獵犬，一包40磅的飼料大約不用一個月就清潔溜溜；而且大多數的狗對任何食物都有興趣，只要看到你在吃東西，牠大概都會很有興趣加入你，硬是在你的旁邊眼巴巴地望著你，直到牠看到

大多數的狗對任何食物都有興趣（胖胖）。

你已經將所有的食物吃完，表示牠已經沒希望了，或者是你捨不得看到牠的可憐樣而將手中的食物與牠分享為止喔。

### ★需費心清潔

　　一隻狗大約每周都要洗澡，否則你很容易開始感覺到「異味」的出現，而且狗從來不會因為把自己弄髒而覺得有任何的不自在，甚至牠們總是因為無法控制地瘋狂地玩耍，而將自己弄得又臭又髒，接著再一副理所當然的模樣向你飛奔而來，要求你給牠一個熱情的擁抱！另外，狗狗對於大小便這件事情可說是沒有天生的慧根，而這對主人而言，一向也是最為棘手的問題，飼主必須在這件事情上花去相當長的時間與極大的心力，才能夠讓狗狗在你要求的地點方便。

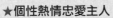

★**個性熱情忠愛主人**

　　狗是天生聰明而且服從的，只要你用對方法而且用心教導，牠一定能夠很快學會你希望牠做的事情；在你因為牠做錯事而處罰牠的時候，牠只會默默接受而不會懷恨在心，當你需要牠給你一個擁抱的時候，有時甚至只要一個眼神，牠就會開心地立刻向你撲來，然後又舔又親又打滾地在你身上撒嬌，平常的時候你只要輕輕地拍拍牠、抱抱牠，就能夠讓牠快樂很久，而這樣的服從性加上熱情，也是為什麼有許多人甘願當一輩子的「狗奴才」而不願自拔的原因！

狗總是永遠需要
且依賴主人的。

## 究竟是養狗好？還是養貓好？

　　綜合上述，如果你希望寵物不要成為你的麻煩，可以自己獨立生活，那你最好是飼養一隻貓咪；但如果你希望有比較多的互動，喜歡一種被需要、被依靠的感覺，養一隻狗狗一定能為你的生活增添許多的樂趣喔！

　　如果你已經做好了當一個「狗奴才」的心理準備，只要跟著本書的介紹，相信你一定能夠成為一位最成功的狗爸爸或狗媽媽喔！

# 給所有飼主的十條建言

無論你想要購買或是領養,其實要讓家裡多出一位成員真的是非常容易的,不過在決定養狗並且真的開始行動之前,你的心裡對養狗這件事情是否已經有基本的認識了呢?在此我們引用一篇在網路上廣為流傳的文章,讓所有的新手主人了解,我們究竟該如何面對家裡的新成員吧!

本文的出處已經不可考,相傳是某個人在日本的一家寵物店看到,並且將之帶回台翻譯後在網路上廣為流傳的,我也認為這其中短短的十條建言都是揣摩狗的角度,忠實地反映出狗狗的心聲,也順便提醒有養狗打算的人,審核自己究竟是否已經做好該有的心理準備,並準備好照顧另一條生命!

## 1

原文:My life likely to last ten to fifteen years. Any separation from you will be painful for me. Remember that before you buy me.

**中譯**

在你把我帶回家之前你必須先知道,我的壽命大約只有10~15年,對我來說,只要與你分離就是一種莫大的痛苦。

**說明**

經過數千年的演進,目前的狗狗已經極度依賴人類的社會,甚至有許多狗是必須在人類的照顧下才能夠生活,一旦飼主拋棄了他所飼養的狗狗,因為以往都已經習慣了被照顧,被迫要在街頭流浪的狗兒將會毫無謀生能力,這對被拋棄的狗兒來說當然會是一個最大的痛苦!

## 2

原文:Give me time to understand what you want for me

**中譯**

請給我足夠的時間,讓我能夠了解你對我的要求是什麼。

**說明**

狗畢竟不是人,當第一次你給牠一道牠不了解的指令時,牠當然無法立刻知道你想要牠做什麼,牠只能不斷地去體會、揣摩你的意思,但這都是需要一點時間的,所以請你體諒牠聽不懂人話的這一點,給牠些許的時間,再用最簡單的語言或動作教導牠,讓牠能夠弄清楚你到底期待牠依照你的命令做什麼!

**3** 原文：Place your trust in me--it's crucial to my Well-being.

中譯
　信賴我，因為那對我來說是非常重要的。

說明
　飼主是狗兒生活的中心，因此狗兒當然需要主人絕對的信任與關心。

**4** 原文：Don't be angry for me for long and don't lock me up as punishment. You have your work,your entertainment and your firends.I have only you.

中譯
　就算你對我生氣，也請別持續很久都不理我；就算你要懲罰我所犯的錯，也請別將我長時間關起來讓我自己獨處；因為在你的人生中，你有你的工作、娛樂及朋友，但在我的生活裡，你卻是我所僅有的一切！

說明
　狗狗也是有感情的，對狗而言，主人可說是牠生活的中心，牠可不能想到就打電話給牠的什麼知心好友，或者出門玩樂，如果你因為對牠生氣而對牠不理不睬，牠的生活頓時就失去重心，如果換作是你，心裡會好受嗎？

**5** 原文：Talk to me sometimes. Even if I don't understand your words.I understand your voice when it's speaking to me.

中譯
　請你要常對我說說話，縱使我不懂你在說什麼，但對我而言，那是你用你的聲音陪伴著我。

說明
　狗是一種非常害怕孤獨的動物，也因此許多狗狗都會有所謂「分離焦慮症」的症狀，就算只是幾句簡單甚至無意義的話語，狗狗聽到了都仍然會覺得高興，因為這表示你正陪伴在牠身邊！

## 6

原文：Be aware that however you treat me.I'll never forget it.

**中譯**

　　無論你如何對待我，我都永遠不會忘記！

**説明**

　　就算只是一個簡單的小動作，狗狗都會記得你拍拍牠的頭、摸摸牠的身體，而且還會因為這樣就開心很久；如果你對牠有所責罰，牠也會永遠銘記在心，並且記得下次不要再惹你生氣！

## 7

原文：Remerber before you hit me that I have teeth that could easily crush the bones of your hand, but that I choose not to bite you.

**中譯**

　　當你要打我的時候請記得，我其實擁有一口可以輕鬆咬碎你手骨的尖銳牙齒，而我只是選擇不咬而已！

**説明**

　　看過狗狗口中前端那四顆尖銳的犬齒嗎？如果你見過就會對上述原則深信不疑了！

## 8

原文：Before you scold me for being uncooperative,please ask yourself if something might be bothering me. Perhaps I'm not getting the right food,or I've been run in the sun too long or my heart is getting old and weak.

**中譯**

　　在你因為我的不合作、固執或懶惰而責備我之前，也請你想想，是否正有什麼困擾著我？或許你沒給我應有的食物？或者我太久沒有在溫暖的陽光下奔跑？又或者我的心臟已經太弱、太老了呢？

**説明**

　　在飼養寵物多年的經驗中，只要出現不正常的脫序行為時，無論是哪一種寵物，大多的原因都是因為牠感到一些不舒服，也許是牠受傷了，也許是你疏忽了沒讓牠吃飽，或者是牠得到了某種疾病，此時請你先不要急著責罰牠，因為牠心裡可能也有著千百個不願意呢！

# 9

原文：Take care of me when I get old.You too,will grow old.

**中譯**

　　當我有一天老去時，也請你要好好照顧我，因為，總有一天你也會步上我的後塵！

**説明**

　　狗與人一樣，都會有老去的一天，而在狗狗老去的時候，牠會出現許多「麻煩」，需要你更用心照顧牠，這時候請你千萬別嫌棄牠，因為當有一天你也老去的時候，你一定也不會希望被你的子女所嫌棄吧？

# 10

原文：Go with me on difficult journeys. Never say I can't bear to watch it or let it happen in my absent. Everything is easily for me if you are there. Remember, I love you.

**中譯**

　　當我要捱過最辛苦的歷程時，請千萬不要說：「我不忍心看牠」或「等我不在場時再進行吧！」因為只要有你和我在一起，所有的事都會變得簡單而且容易，請你永遠不要忘記，我愛你！

**説明**

　　這是許多主人最常犯的錯誤，在某些特殊情況，狗狗必須要承受一些痛楚，例如身受重病、進行手術，甚至是必須進行安樂死的時候，不少的主人都會選擇眼不見為淨的做法，其實在這個時候，狗狗最需要的就是你的陪伴，這也許是讓牠咬牙撐下去的最大動力。所以，無論如何，當狗狗必須要承受極大痛苦的時候，請你一定要陪在牠的身邊給牠力量！

　　在第一次看到上述十點建言的時候，再對照自己養狗這段時間的體驗，真的是感到心有戚戚焉，也希望將這十個原則送給所有準備要開始養狗的朋友們，希望這幾句話能夠讓你更了解家中的新伙伴喔！

# 03

## 我有資格養狗嗎？

養狗真的不只是掏出錢然後帶回一隻狗這麼簡單，你必須對這位家裡的一份子負責，而且責任期可能長達十到二十年，所以你真的有了養一隻狗的準備了嗎？我們希望你別太早決定你的答案，以下我們列出一些在養狗前必須審慎思考的問題，希望你也能夠檢視自己究竟是不是已經具備養一隻狗的資格了呢！

　　當你開始養一隻狗，對牠就是一個終生的承諾，雖然不像人類所謂的「終生」可能有七、八十年之久，但許下這個承諾之後你就得照顧牠十至二十年，如果你還沒做好萬全的心理準備，真的不要貿然決定！

　　以下我們列出幾個評估的項目，希望你先進行自我審查，看看你究竟是否已經準備好要接納一隻新的生命了呢！

養狗對你是
否只是一種
流行？

### 你是因為流行而養狗嗎？

　　記不記得前一陣子網路公司廣告上出現的可愛米格魯？還是隨著電影「再見了！可魯」而出現的拉布拉多風潮？或是從廁所搶救小娃兒的哈士奇呢？如果你想要養狗的原因如同上述，是因為某一陣流行風，那還是請你放了可憐的狗狗一命吧！

　　流行的品種總有退流行的一天，當哪一天你所選擇的狗不再是流行的代表時，你可能會覺得越看越膩，時間一久，甚至覺得牠是你的累贅，接著你的下一步可能就是開始思考是否該丟棄牠。如果你容易喜新厭舊，或者只是因為某一種狗現在正發燒，所以你想要養一隻試試，勸你千萬不要養狗，以免狗兒沒多久就被你丟棄而流浪街頭！

　　近日在各大動物收容所中已經明顯出現米格魯、拉布拉多甚至黃金獵犬的棄養潮，這當然又是商人大肆炒作，而消費者盲目跟從流行的純種悲劇！所以請你不要成為下一個悲劇的幫兇吧！

### 你有養狗的時間嗎？

　　從你養狗開始，你會需要在狗的身上花費許多的時間，因為你需要帶牠去看醫生、洗澡、梳毛、假日出門遊玩、每天出去散步，你還必須每天清理牠的排泄物或者掉在家裡地板上的毛，而且從小開始你還要教牠許多與你生活在一起所必須遵守的規矩，甚至是一些讓人捧腹大笑的有趣把戲，你想過這些事情將會花掉你多少的時間嗎？

前面所提的可說都是飼主最基本要為狗兒做到的事情，而為了做到這些事情，必定會用掉不少的時間，你是否確定自己有這麼多的時間呢？尤其當你的狗是從小養起的話，你更要面對幼犬時期容易生病、愛哭、愛叫、愛亂咬，而且不會定點大小便的問題？幼犬的這個時期會需要花費更多的時間去照顧、調教以及改善狗狗的狀況。

以我自身的經驗來說，當初選擇飼養一隻拉布拉多，就已經做好長期奮鬥的心理準備，從牠來到家裡的第一天起，就知道我必須忍受牠的超強破壞力、驚人食量以及超快成長速度，而且每天要為牠把屎把尿，慢慢教導牠該自己走進廁所大小便，並且每天固定帶牠去公園與其他的狗兒玩耍，並在牠將旺盛的體力耗盡之後，我們才能一起回家休息；如果你不認為你的生活中還能夠挪出其他的時間給一隻狗，或者你並不想花費這麼多時間去照顧另一隻動物，那就請你千萬別養狗！

## 你的經濟夠負擔一隻狗兒的開銷嗎？

還是那句老話，錢絕非萬能，但沒錢卻萬萬不能！這句話用在養狗這件事情上也完全通用！你要知道，從買一隻狗開始（就算領養狗也要花一些費用），你就要將你的荷包分一部分給這隻狗了，平時的飼料、零食、玩具、預防針、晶片、各種寄生蟲、身體檢查的費用、美容費（當然如果自己做可以省一點），還有各種狗狗生活所需的用品等，都需要花費金錢。

光是每天要吃的飼料就需要花不少錢了。

而除了這些固定的支出之外，狗狗偶爾生個小病或出個意外（例如三不五時會出現的皮膚疾病、不小心被車撞而骨折、從高處跳下導致腦震盪、與其他狗狗打架所受的外傷等），所需的醫療費用都是筆不小的金額，而當狗兒年老的時候更容易生病，加上寵物並沒有「全民健保」，我可以向你保證，帶狗上醫院絕對比自己上醫院還貴，如果你的經濟狀況並不足以負擔這些，請你也不要打算養狗！

不過最近政府已經核准開辦寵物保險，並且已經開始有保險公司推出相關產品，範圍包含壽險、醫療以及因寵物造成的傷害等，這對飼主而言是一個好消息！而這些在本書的附錄中也有介紹。

因此，請好好評估自己的經濟狀況！當你有更寬裕的經濟能力時再養狗，這樣不但你的負擔會比較輕，相對地狗狗也能有更好的生活品質。尤其我們要奉勸許多還在學校求學的學子，千萬別因為覺得寵物可愛就貿然帶回一隻狗狗，在沒有經濟能力的狀況下養寵物，不但你會撐得很辛苦，而且還會拖累狗狗得不到該有的生活所需，這對你或對牠都是沒有好處的！

## 你有責任感與耐心嗎？

當你養了一隻狗之後，你和牠的的生活中都可能出現很多不在預期的狀況，例如你可能

會搬到一個不同的環境，你可能會結婚、生子，養了牠之後你可能會發現牠有一些不遵守規矩的行為，狗兒可能會得了一些慢性病但不容易完全治癒、牠會變老、變醜等等，當這些原本不在預料中的狀況發生時，你對牠的愛都能堅定不移，在任何情況下都會考慮狗兒的幸福嗎？當上述情況出現時，你還願意堅守對牠的承諾，設法排解這些問題，並且繼續愛牠嗎？

如果你覺得你無法面對這些不在原本預料中的狀況，或者你怕麻煩、沒耐性，遇到問題很可能會想逃避，甚至在遇到麻煩時容易放棄自己的立場的話，請千萬別養狗！

## 你居住的環境允許你養狗嗎？

現代都市人大多居住在公寓式的環境，當你與許多人一起居住在一個相互緊鄰的環境時，你就不能不考慮其他人的感受，或者所有人都要共同遵守的規則。除非你居住的是透天厝，或者是你家隔壁都沒有緊鄰的鄰居，否則請在你養狗之前，先了解大樓是否有關於禁止飼養寵物的規定？而如果是在外租屋，也請先告知並且得到房東的首肯，當上述條件都完備之後，再開始準備養狗的事宜。

還有，如果有寵物禁令或者房東不允許，請你別以為你能夠神不知鬼不覺偷偷地養著，當日子久了總會東窗事發，到時候也許你將會被迫與愛犬分離，甚至被房東趕走，人與狗都一起倒楣，那又何苦呢？

## 你是否得到家人的同意與支持呢？

與你同住的家人都能夠接納一隻新來的狗嗎？他們是否都願意忍受因為多一隻狗所帶來的不便嗎？這些可能包括：亂叫、隨處便溺、家中異味、亂咬家具物品、掉毛或換毛所造成的問題（別以為短毛狗就沒這困擾，我家的拉布拉多掉的毛絕對超過你的想像！）。家人有對寵物過敏的體質嗎？不希望讓小孩與狗共同生活於家中嗎？

### ★長輩的立場是關鍵

而在家人的態度問題上，長輩的立場往往更是關鍵（未婚者也須把交往對象、未來可能同住的親戚的態度，列為考量依據），如果長輩僅是勉強不反對，日後他們一旦感受到上述的不便時，很容易反悔而逼迫狗兒離開，屆時狗兒該何去何從？

### ★要想到寵物的未來

如果是在外求學並租屋的學生，雖然短時間內可以暫時不考慮家人的想法，但是你仍必須先考慮將來必須搬回家時，你所飼養的這隻狗兒是否會受到家人的排斥？如果有一天你必須服役或是出國留學時，家人是否願意像你一樣愛牠，並且願意幫你在這段期間繼續照顧狗

兒？另外，與你一同租屋同住的其他人是否接受你的狗兒也是一個必須先確定的問題喔！

　　因此，如果與你同住的家人或朋友根本就不希望家裡有一隻狗，那麼你也並不適合養狗喔！

## 你有穩定的居所嗎？

　　無論任何的原因，你會必須要經常搬家嗎？你可知道狗狗在經常更換居住環境的情況下，情緒會變得焦慮，而且也可能出現失常行為嗎？而狗狗的這些狀況，都很有可能是造成你不再愛牠的原因！另外，你也無法確定每次的新居，都能允許你在家裡養一隻狗。

　　如果連你都住得不安穩了，你的狗狗又怎麼能夠開心地陪你一起生活呢？所以如果你沒有穩定的住所，也請你千萬別養狗！

## 養狗是不是因為孩子的要求？

　　現代父母難為，孩子對父母總是有著許多不同的要求，除了各式新穎的玩具甚至手機之外，很多孩子看到別人家養了一隻狗，可以常常帶狗兒出門遊玩，好像是一件很快樂的事情，就會有樣學樣地要求父母也讓牠養一隻狗，但是孩子們卻看不到別人因為養一隻狗所要付出的辛勞。而有些父母在禁不起孩子的吵鬧或哀求之下，可能就答應養了一隻狗，但這可能就是另一個悲劇的開始。

### ★孩子的新鮮感變成父母的責任

　　狗狗剛回家時的時候對家中的每一位成員來說，應該都是又新鮮又有趣的，但是當時間一久，原本新鮮的感覺不再，養狗變成一件平淡無奇的事情，每天對狗狗的照料也成了一件繁瑣又厭煩的瑣事，忙著應付課業壓力的孩子再無心也無力來幫父母分攤照顧狗的這件工作，此時牠也理所當然地成了父母的責任，縱使在事前父母與孩子有再多的協議也都沒用。

### ★無心無力造成寵物悲劇

　　父母通常在工作、照顧孩子，整理家務之餘，早已經是筋疲力盡，如果你本身並沒有把狗兒也當成是你的孩子，你又能夠持續多久去照顧一隻聽不懂人話，而且每天只會吃喝拉灑並且搞破壞的寵物呢？如此一來當然也無法顧及狗狗的健康狀況，更無力去教導小狗要遵守各種規矩？久而久之狗兒可能在健康上就亮起紅燈，又或者在行為上出現問題，屆時將會給一家人帶來更大的麻煩，到了這個地步，狗兒不是被轉送，就是被丟棄在街頭、收容所，莫名其妙地就被結束了牠無辜的生命。

　　所以，如果你已經是家長，而你自己根本就不想養狗的話，請千萬別順著小孩的要求而開始養一隻狗。狗兒是有生命的，不可以因為孩子玩膩了就轉送或是丟棄！

## 養狗前，做好功課了嗎？

　　做任何事情之前都應該做好功課，養狗當然也是，而且從幼犬開始，到成犬、老犬甚至到狗狗壽終正寢的那一刻為止，這中間都有許多養狗的專門學問，有時候複雜的程度甚至不輸給養孩子，而如果你對某一種狗有特別的偏愛，更是需要先查清楚這個品種有什麼必須先知道的問題，例如遺傳疾病、特殊的性情等等，如果你沒做過功課，其實也不用擔心，因為本書將會是你在「養狗」這條路上的良伴，但如果你根本沒有深入了解「養狗」這件事的打算，那我們真的要奉勸你，千萬不要為了一時衝動就輕易地帶一隻狗回家，否則有朝一日當你反悔時，倒楣的還是無辜的狗兒！

# 養一隻狗要花多少錢？

在這社會上，無論做什麼都要花錢，養一隻狗當然更不可能不花錢，不過在養狗之前，你是否對一隻狗要花你多少錢有些概念呢？其實多數的人大概都不知道究竟養一隻狗要花多少錢，所以接著我們就從一隻幼犬開始，為你算算看多了一隻狗以後，到底會增加你多少的支出！

## 預防針費用：

　　如果幼犬有吸食母乳，在母乳中就可以得到一些母體已經有的抗體，但當幼犬長到6周之後，由母體所得到的抗體就會逐漸消退，因此此時就要靠預防針填補，也就是說在幼犬年齡接近6周時開始施打。而犬疫苗主要有綜合預防針、狂犬病、萊姆病等。

## 主要的犬用預防針有三類。

### ★綜合預防針：

　　綜合預防針又區分成幾種，一般人常弄不清楚各包含哪些內容，讓我們來看看綜合預防針的內容：

| | 犬瘟熱 | 傳染性肝炎 | 鉤端螺旋體症 | 傳染性支氣管炎 | 出血性黃疸 | 犬小病毒腸炎 | 副流行性感冒 | 犬冠狀病毒腸炎 |
|---|---|---|---|---|---|---|---|---|
| 三合一疫苗 | ● | ● | ● | ○ | ○ | ○ | ○ | ○ |
| 六合一疫苗 | ● | ● | ● | ● | ● | ● | ○ | ○ |
| 七合一疫苗 | ● | ● | ● | ● | ● | ● | ● | ○ |
| 八合一疫苗 | ● | ● | ● | ● | ● | ● | ● | ● |

●包含　○不包含

　　而因為其中以八合一疫苗所包含的疾病種類最多，所以目前多數的飼主都會直接為狗狗施打此種疫苗，價格則大約是在NT$800至1,000元左右。而綜合預防針最早是在幼犬時每4周施打一次（也就相當於一個月一劑），並連續施打3次，之後終身都是每年一次。

### ★狂犬病疫苗：

　　狂犬病疫苗於幼犬滿3個月齡後始能施打，而且可以與綜合預防針同時施打，費用則大約為NT$200元。

各縣市政府每個年度都會製作狂犬病疫苗的金屬名牌，當你為狗狗進行狂犬病預防注射後，請別忘了向獸醫師索取喔！

**★萊姆病疫苗：**

　　萊姆病於幼犬滿2個月時可以施打，而且也可以與綜合預防針同時進行，不過因為萊姆病疫苗的價格較貴，許多飼主都會省略，但是為了狗狗好，建議你還是定期帶狗狗至獸醫院接種，價格則大約為NT$1,000元左右。

　　在幼犬的時期開始，你要為狗狗接種預防針所花費的費用如下：

800×3（綜合預防針，共三劑）+200（狂犬病）+1,000（萊姆病）= 3,600元

　　而從第二年開始，你每年要為狗狗施打預防針所需的費用則變動如下：

800（綜合預防針）+200（狂犬病）+1,000（萊姆病）= 2,000元

基本上，這些預防針所要防制的疾病大多都已經絕跡超過十年以上，那我們又為什麼要為狗狗接種呢？其實雖然已經很多年沒見過這些疾病復發，但是我們不可能確定何時這些疾病又會突然出現，加上近年來與中國大陸的來往頻繁，對岸的衛生狀況遠比台灣落後，很多疾病都可能因為走私或者人員往返而帶入境內，因此還是建議所有的飼主定期為你的愛犬注射所有種類的預防針！

**★驅除體內寄生蟲**

　　若是母體內就含有寄生蟲，那麼小狗生出來時幾乎都會有來自母體的寄生蟲，然而有體內寄生蟲其實並不嚴重，只要定期吃驅蟲藥就能夠輕鬆地殺光這些寄生在狗狗體內的不速之客。

　　而驅蟲的費用大約是每次NT$100元左右，每6個月進行一次即可，因此一年所需的驅蟲費用就是100×2 =NT$200元。

**★驅除心絲蟲：**

　　目前心絲蟲多是以服藥處理，而心絲蟲藥的劑量則隨狗狗的體重增減，一盒6顆的心絲蟲藥錠售價大約是NT$1,200元，小型犬可用一年，中型犬大約可使用半年，大型犬則大約可用一季。

| 每年的心絲蟲藥費用 | |
|---|---|
| 小型犬 | 約NT$1,200元 |
| 中型犬 | 約NT$2,400元 |
| 大型犬 | 約NT$4,800元 |

## 飼料費用

　　基本上飼料有幼犬用與成犬用兩種，而且又各自區分為小、中、大型犬用的飼料，不過

狗狗大約一個
月會消耗一包
飼料。

相同品牌相同容量的飼料在價格上幾乎都一樣，而在此我們要討論的是養狗所需的費用，所以我們就不特別針對不同品項的飼料做說明。

| 每包飼料建議售價 | |
| --- | --- |
| 3公斤 | 約NT$360元 |
| 10公斤 | 約NT$900元 |
| 20公斤 | 約NT$1,500元 |

知名飼料廠牌的產品大多區分成3公斤（或也有2公斤裝）、10公斤（或也有7.5公斤）及20公斤（或15公斤），而這也剛好適合小型犬、中型犬及大型犬，價格則大致如右：

| 年度所需飼料費用 | | |
| --- | --- | --- |
| 小型犬 | 360 x 12 = | 約NT$4,320元 |
| 中型犬 | 900 x 12 = | 約NT$10,800元 |
| 大型犬 | 1500 x 12 = | 約NT$18,000元 |

正常的狀態下，一般飼料都會在一個月之內就食用完畢，也就是說無論哪種體型的狗，一個月大約需要一包對應容量的飼料，而各種體型的狗兒一年所需的飼料費用則如上表所示：

無論是小、中、大型犬的飼料，一包飼料從開封到吃完，必須控制在兩個月之內，否則飼料將會氧化腐敗，而廠商這樣的包裝設計，也是主要以開封後兩個月內能夠吃完的量為依據，因此在購買飼料時，也請你以此為標準，雖然越大包的飼料單位價格就越低，但是還是要能夠在最長兩個月內吃得完才是適當。

## 食品添加物

狗狗光吃飼料是不夠的，因此獸醫多半也都會建議飼主在飼料中添加一些必要的營養劑，其中主要的大概都是維生素、鈣質的添加品及消化酵素，前者可以補充狗狗生長、發育及日常生活中過程中所需的各種維生素及鈣、磷等物質，後者則能夠促進消化、吸收，並且刺激體內分泌成長賀爾蒙。

一般維生素、鈣、磷的添加品都會包含在同一產品中，因此只要添購一種大概就能夠包含各種營養素，而一般500克的添加品大約可以讓狗狗食用兩個月左右，售價則大約在NT$500元以下；至於消化酵素則大概可以吃1~2個月，100克的售價大約在NT$300元以下。

## 零食費用：

其實零食是一個沒法子算得準的費用，因為這關乎主人對狗狗寵愛的程度，而零食又是個可吃可不吃的食品，有的主人可能一整年都不會為狗狗買一包零食，也有些主人一個月可以花費數千元在零食上，因此這方面的需求我們無法做個量化的統計，端看主人的喜好或習慣而定。

狗狗的零食大多以餅乾、肉片、起司為主，肉片主要的成分為蛋白質，吃多較無妨，但餅乾與起司食用過多，則會明顯地讓狗狗增胖，因此在選擇餵食的時候還請飼主必須控制在適量的範圍。

## 狗所需的周邊用品

而從帶回幼犬開始，你可能還需要為狗狗準備各種飲食器具、牽繩、玩具、床或狗屋等器材，接著我們將這些商品的參考價格也列舉如右：

| 商品名稱 | 參考價格 |
| --- | --- |
| 狗碗 | 約NT50～200元 |
| 飲水器 | 約NT$120～350元 |
| 牽繩 | 約NT$60～300元 |
| 拉繩 | 約NT$60～350元 |
| 玩具 | 約NT$30～200元 |
| 床墊 | 約NT$350～2,000元 |
| 狗屋（籠） | 約NT$600～4,500元 |

而由以上所列各項看來，要養一隻狗所需花費的金錢還真的是相當多，而且以上所列還不包含一些不定期所需的支出，例如臨時生病、受傷所需花費的醫療費用、主人出差寄放狗旅館的費用，或者偶爾帶狗狗出門遊玩所需的費用等等，因此在你開始飼養一隻狗狗作為寵物之前，真的要謹慎衡量手邊究竟是否有這樣的一筆預算喔！

# PART 2
## 選擇家庭的新成員

想要讓加入一隻狗兒作為你的家族新成員，除了要知道你想要飼養的是一隻什麼樣的狗以外，對於如何選擇一隻健康的狗兒也是作為一位飼主不可不知的事，我們將在這個PART中，為讀者簡單的說明一些關於選擇狗兒的原則，讓你無論是決定購買或領養，都能夠為自己找到一隻合適的家庭新成員！

Part 02
●選擇家庭的新成員

# 01 常見的名種狗

目前在國內有一些較為流行，或者應該說是較多人喜歡的名種狗，雖說我們並不鼓吹購買名種、純種狗，不過身為飼主，總不能對一些基本的狗種沒有認識，在此我們就針對一些比較常見的名種狗，為讀者做一點簡單的介紹。

（感謝邱伶樺提供照片）

## 黃金獵犬

### 外觀

全身毛色呈金黃或紅糖色，毛分為兩層，內層毛有防水作用，方便游泳及在水中追捕獵物，表層的毛則堅固而有彈性，為直毛或波浪形，腿及尾巴都有長毛覆蓋。

### 功能性

狩獵水鳥、寵物狗或作為導盲犬。

### 簡介

18世紀在英國蘇格蘭河近郊開始繁殖，原來的品種是由拉布拉多獵犬及蘇格蘭當地的狗交配而生成。因此黃金獵犬有很強的游泳能力，並且能把獵物從水中叼回給主人，因此當時普遍被用來狩獵及尋回被獵槍射落的水鳥，是人類最忠實，友善的家庭犬及導盲犬。

### 原產地

英國蘇格蘭。

## 拉布拉多獵犬

### 外觀

大多數的拉布拉多獵犬都是白色、黃色或黑色，不過也有極少數是灰色或巧克力色。

### 功能性

導盲犬、警犬和獵犬。

### 簡介

最早在紐芬蘭被用於找尋流失於海中的魚網或漁具等工作，而和人有著密切的關係。由於牠的行動緩慢，所以在歐洲早已經成為室內犬的主流，而在英國，則是從上流階級到庶民，都已經廣泛地接受及歡迎拉不拉多獵犬。

### 原產地

紐芬蘭拉布拉多半島沿岸。

（感謝小布屋提供照片）

## 雪納瑞

**外觀**

毛色有白灰色或黑色，並具有堅硬的上毛與緊密的下毛。

**功能性**

古時用來捕鼠，現在已經成為深受歡迎的家庭寵物犬品種。

**簡介**

雪納瑞最特別之處就是臉上蓋滿老者般濃密的眉毛及特別豐盛的鬍子，令牠的樣子又古怪又可愛。雪納瑞有迷你型、標準型及大型，目前作為寵物犬的多半是迷你種。

**原產地**

德國。

（感謝小布屋提供照片）

（感謝小不點提供照片）

## 臘腸狗

**外觀**

分為短毛型與長毛型，毛色則多為紅、黃、黑色。

**功能性**

獵犬、寵物犬、護衛犬。

**簡介**

天生就是獸穴狩獵的好手，在英國、德國和瑞士該犬常用於娛樂狩獵。由於該犬聰明伶俐、善解人意、忠於主人，故又是極佳的寵物犬。此外，該犬善吠，警戒心強，亦可作護衛犬。

**原產地**

德國（但相傳是遠古由埃及傳入歐洲）。

## 約克夏

**外觀**

毛直而有光澤，呈絲線狀；毛色暗藍色，頭部與四肢呈褐色。

**功能性**

適於公寓生活，是很好的觀賞犬。

**簡介**

是100多年前由史凱特、蘇格蘭、曼徹斯特、丹第丁蒙和馬爾濟斯等犬種相互雜交而成。對人友善，溫順而忠心，活潑熱情，動作輕快，愛撒嬌。

**原產地**

英國約克郡。

感謝寶寶的咪咪提供照片

(感謝小玉提供照片)

## 貴賓狗

### 外觀
皮毛硬而密，鬍毛密生，毛色有黑、白、米、杏黃、銀灰等，而進來更是培育出褐色，成為紅極一時的新興寵物。

### 功能性
獵犬、表演犬。

### 簡介
該犬早期是沼澤地區傑出的拾獵犬，後因聰明靈秀、外觀美麗、性情乖巧而為優秀的伴侶犬。此外，牠聽覺敏銳，智商高，方位概念強、易於訓練，而常作為馬戲團極富天才的「演員」。

### 原產地
法國。

## 西施犬

### 外觀
毛色有各種色彩，一般沒有純色的西施犬。

### 功能性
典型的室內寵物犬。

### 簡介
西施犬的祖先生活在中國西藏，西元六世紀的繪畫中已有類似西施犬的西藏小狗。到二十世紀30年代，一英國旅行者帶走了幾隻這種狗回到歐洲，外國人稱之「西施犬」以示牠像中國美人西施那樣國色天香。從外形看西施犬有北京犬的血統，備受歐洲、日本、港、澳、台養犬者崇拜，與北京犬在狗展中經常平分秋色。

### 原產地
西藏。

## 鬆獅犬

**外觀**

鬆獅犬的毛色有紅、黑、藍、褐色等。

**功能性**

獵犬、表演犬。

**簡介**

鬆獅犬十分文靜，性格高雅，從不搞破壞。鬆獅犬的性格很獨特，牠們很像貓，非常自我、獨立、固執。別以為牠蓬蓬的毛很好抱，牠們通常都會令你失望，因為牠們不太喜歡給人逗著玩。鬆獅犬體格強壯，抗病力較強，一般無須特殊護理。但其被毛豐厚、長而密，故應經常梳理，以保持美觀、清潔。

**原產地**

蒙古。

(感謝柔寶媽提供照片)

## 博美狗

**外觀**

有茶色、米色、黑色、白色、金黃色，其中以金黃色最珍貴。

**功能性**

早期作為護衛犬和牧羊犬，到了文藝復興時期成了標準伴侶犬。

**簡介**

博美犬活潑好動，應每日讓牠在戶外運動或散步。由於博美犬的被毛豐厚，故兩層被毛需細心梳理、洗滌，每周以兩次為宜。

**原產地**

冰島。

(感謝小布屋提供照片)

## 伯恩山犬

**外觀**

長且柔軟的被毛，稍呈波浪狀，為極有光澤的毛質，毛有漆黑色，胸部、頭部及四肢帶白色和褐色。

**功能性**

工作犬、寵物犬

**簡介**

伯恩山犬具有雍容華貴的外表，身軀略緊實、胸部深、骨骼重、頭平，有些微皺褶、V形耳朵略向前方下垂，但緊張時會向上挺起。 眼睛為杏形，顏色褐色。嘴唇長，強而有力，呈鋏狀咬合。既粗且長的尾巴並未捲起而是向下垂。前肢健壯，任何角度看均是筆直的，僅足踝前部略顯彎曲。

**原產地**

瑞士。

(感謝黃雅婷提供照片)

## 瑪爾濟斯

### 外觀
具有比熊犬血統，一身長絲般的純白色毛。

### 功能性
工作犬、寵物犬。

### 簡介
馬爾濟斯是非常古老的犬種，在西元前1500年的地中地區就有牠的蹤跡，是當時歐亞交界水手們的寵物。後來馬爾濟斯流傳到歐洲，馬上以討喜的外型成為歐洲貴族皇室的愛犬，目前也是國內最熱門的小型犬之一！

### 原產地
馬爾他馬爾濟斯島。

（感謝小布屋提供照片）

（感謝吉米爸吉格爺提供照片）

## 米格魯

### 外觀
米格魯長的就是一臉淘氣可愛相，臉部主要由三色所構成，包括了黑色的鼻子、黃色的耳部，和白色的嘴部。

### 功能性
工作犬、寵物犬、獵犬。

### 簡介
米格魯也是台灣的人氣犬，大家對這種狗的最大印象就是「瘋狗」，從這句話就可以知道體型小小的米格魯是多麼的好動活潑，是多麼的精力充沛。著名的卡通人物「史奴比」就是一隻米格魯。以前人類為了追捕野兔，就將米格魯培育成為盡職的獵兔犬，目前則普遍用於海關搜查毒品的任務上。

### 原產地
英國。

## 大白熊犬

### 外觀
白色或白色帶有灰色、紅褐色或不同深淺的茶色斑紋。

### 功能性
護衛犬、工作犬。

### 簡介
大白熊犬給人的印象是非常高雅、美麗，牠結合了巨大的體型和威嚴的氣質。牠的被毛是白色或以白色為主，夾雜了灰色、或不同深淺的茶色斑紋。非常聰明而和善，具有王者之氣。

### 原產地
庇里牛斯山脈。

（感謝邱伶樺提供照片）

## 英國古代牧羊犬

### 外觀

全身覆蓋長毛，外觀上甚至看不到眼睛，身體前半部毛色呈白色，後半則為黑或灰色。體型龐大、肌肉發達、身軀強壯。

### 功能性

工作犬、寵物犬。

### 簡介

英國古代牧羊犬是一種體型非常龐大的犬種，不過因為個性溫馴，無論做什麼都很合適，而且天性聰明，也沒有任何侵略性或神經質的問題。

### 原產地

英國。

(感謝黃雅婷提供照片)

## 哈士奇（西伯利亞雪橇犬）

### 外觀

皮毛硬而密，鬃毛密生，毛色有黑、白、米、杏黃、銀灰等，而近來更是培育出褐色，成為紅極一時的新興寵物。

### 功能性

工作犬、寵物犬。

### 簡介

是嚴寒地帶既積極又勤力的工作犬。人類居住在凍不可抵的北極圈內，為了對抗饑荒和酷寒，捕捉海獅作為食糧、禦寒皮革和燃料是在所必然的。西伯利亞雪橇犬便是人類的得力助手，當獵人捕捉到海獅後，雪橇犬便會擔當苦力的角色，把沉重的獵物用雪橇拖回村內，可說是最環保、最經濟的能源供給者。

### 原產地

西伯利亞。

(感謝黃先生提供照片)

## 02 養一隻「米克斯」好嗎？

相對於名種、純種狗，俗稱「米克斯」（由Mix這個字而來）就是所謂的混種狗，簡單來說也就是純種狗以外的狗，而當你打算養一隻狗的時候，選擇飼養一隻非純種狗好不好呢？我們將在這個單元為你做個探討！

### 不管名種狗或混種狗，只要你喜歡的就是好狗！

其實狗沒有貴賤，也沒有什麼尊卑之分，如果你養的是一隻昂貴的純種狗，並沒有什麼值得驕傲，而如果你養的是一隻混種狗，也沒有什麼好丟臉，無論是什麼狗，只要你喜歡牠，並且願意把牠當成是你的家人一般照顧，那麼對你來說就是一隻好狗！

### 混種狗普遍較純種狗聰明

一般來說，為了能夠保持純正的血統，純種狗都不會與其他品種的狗交配，不過許多的純種狗畢竟都是外來種，在國內的數量當然就比較少，久而久之就造成種狗都是與較接近血緣關係的其他同種狗繁殖，而這樣當然會造成下一代狗比較容易出現基因上的缺陷，或者在智力上比較差的問題！

而混種狗呢？因為根本不在意純不純種，所以會與來自各處的狗混種，而如此的基因配對結果，對下一代小狗的各方面來說都會比較健全！簡單來說也就是混種的小狗將會比較聰明，將來無論你要教牠任何事情，也都會比較容易學習！

### 純種狗比較容易有特定遺傳疾病

會有特定遺傳疾病並不是因為「純種狗」，理由就如前面所述，許多繁殖者會導致純種狗間的近親交配，因此某些原本偶爾出現的疾病就容易變成一種通病；這個狀況有個很明顯的例子，近來黃金獵犬、拉布拉多、哈士奇等大型狗蔚為風潮，可是在有心人士的炒作之下，髖關節的問題卻成了國內大型狗最常見到的先天缺陷，但並不是這幾種狗原本就普

遍都有髖關節的問題，而是因為繁殖場刻意忽略這些遺傳基因上的缺陷，只求有狗可以賣，不問是否真健康，慢慢的就造成不少數量的大型狗都容易出現相關問題！

反觀混種狗呢？因為不是商人手上的賺錢工具，因此混種狗比較會依照物競天擇的原理，環境會慢慢地自然淘汰掉一些在生理上有缺陷的狗兒，而如果是有人飼養的混種狗，知道有些遺傳毛病時也會控制其繁殖，當然也就會避免出現不健康的下一代了！

## 除非你只愛特定品種，否則請別介意純種或混種

我們並不鼓吹大家都去購買純種的名種狗，不過如果你就是只喜歡某一品種的狗狗，無論你是因為牠的外型或是該種類狗的某項特質，那麼要你飼養其他品種的狗當然沒有意義。舉例來說，對一位只喜愛黃金獵犬的人來說，你要牠養一隻混種狗，他在心理上可能完全無法接受這隻狗，更遑論要用心去愛這隻狗，但如果你並沒有特殊的品種認定，你就是喜歡「狗」，那我們真的誠心建議你，不必去追逐流行的熱潮，也無須介意你養的狗是什麼品種，找到一隻你愛牠而牠也愛你的狗才是美事一件！

# 以認養代替購買

「以認養代替購買」是近幾年來大力被鼓吹的一個觀念，相信你也或多或少聽過這麼一個口號，不過你是否真的了解這其中的含意呢？你又知道為什麼要呼籲大家認養而不要購買呢？

## 寵物熱潮造就黑心繁殖場

從很久以前的101忠狗大麥町熱潮開始，慢慢地還跟進了拉布拉多、黃金獵犬、泰迪熊貴賓等等，當某種寵物風潮開始，消費者就會跟著潮流購買當紅的寵物，而在這個由市場機制決定的環境中，只要有人要買，想賺錢的商人就會想辦法滿足你的購買欲望。

乍看之下，一個願買一個願賣沒有什麼不對，但是當你再往上游延伸呢？當市面上出現一股寵物熱潮之後，商人及繁殖場就會想辦法「生」出大家都喜歡的寵物，可是畢竟他們是以「營利」為目的，他們在意的是如何降低成本及增加利潤，當這兩個原則必須被套用在寵物繁殖的行為上時，就會稍微變了調！

怎樣變調？誰都知道無論任何動物在懷胎時，都需要大量的營養以供胎兒生長之用，但營養品要花錢買，如果繁殖的業者想節省成本呢？你覺得黑心的繁殖場業主會願意花錢購買品質較佳的幼母犬飼料、維生素或鈣粉等營養補充品嗎？當然是不會，因此母犬最後能得到的可能就只剩下最基本的飲食。

幼母犬飼料與一般飼料的差異，在於各種營養成分的多寡，幼犬生長、母犬懷孕時都需要比平時更高的養分含量，因此幼母犬飼料的營養成分、熱量、蛋白質等都會比一般飼料高上許多。

幼母犬飼料與一般飼料的差異，在於各種營養成分的多寡，幼犬生長、母犬懷孕時都需要比平時更高的養分含量，因此幼母犬飼料的營養成分、熱量、蛋白質等都會比一般飼料高上許多。

當胎兒生長所需的養分不足時，母犬的身體就會自動進行調整，也就是由母體來取得養分，而一般來說最明顯的不足就在於鈣質，當懷孕過程中因為胎兒所需的鈣質不足時，就會分解母犬的牙齒、骨骼等以鈣質豐富的器官來供給幼犬發育，而這也是為何長期作為生產機器的母犬最後都會牙齒脫落、骨質疏鬆的原因了！

再者，就像母親生產之後要坐月子一樣，當母犬生了一胎幼犬後也需要讓身體進行調養，而這個調養的程序至少都需要數個月甚至半年以上，才能讓母犬因生產而虛弱的身體回復到健康的狀態，然而對繁殖場而言，為母犬調養身體是需要時間和成本的，黑心業者

怎麼可能會允許這樣的沉重負擔與日俱增
呢？最合乎成本的做法當然就是生產完之後
立刻進行下一次的繁殖行動！這對尚未調養
好的虛弱的母體來說又是另一次的嚴重損
害，而這樣的殘害卻不斷重複，直到母犬再
也無法生產，甚至是至死方休！

另外，就如前一個單元中所提到的，繁殖
場為了保持品種的純正，當然會以相同品種
的名種犬進行繁殖，但是礙於成本考量，時
常都會讓名種狗兒與近親交配，這樣的狀況
很容易生出畸形或者帶有天生遺傳性疾病的

廢棄繁殖場內狗兒無助的神情。（取自
「隨興無章節之影像紀錄國度」網誌）

幼犬，但這些問題時常都是無法在小狗的時候看得出來，等到你買回去發現的時候，都已
經過了很長的一段時間，此時他們當然就有很多的藉口推卸責任，然而花錢事小，你心愛
的狗兒身體出現各種毛病卻會是你與牠一輩子共同的痛！

## 倒閉繁殖場＝人間煉獄

繁殖場內大概都不會只有幾隻種犬在進行生育，當用來作為生產機器的牲口一多，每個
月的飼料、水、電、租金等固定費用的金額隨之上升，碰到淡季時可能出賣幼犬的收入不
敷成本，而如果這個狀況嚴重一點，不負責任的黑心業者可能因為負荷不了虧損直接惡性
倒閉，門一關人就跑了，而繁殖場中的種公種母就只能任其自生自滅，先前國內發生過多
起類似案件，廢棄的繁殖場內出現狗吃狗的悲慘狀況時有所聞。

而為了杜絕這樣的慘況繼續發生，最好的辦法就是盡量不要購買由繁殖場所培育的幼
犬，當業者不再能夠從中取得暴利，就不會再有憧景暴利而投身繁殖場的業者！

## 繁殖場非原罪，黑心才要命

前面一直不斷強調，應該抵制的是黑心繁殖場，也就是那些為賺錢可以拋棄一切道德，
把所有的狗兒都只當成是生產工具的黑心業者，然而這並不是要一竿子打翻一船人，因為
並不是所有的繁殖場都黑心。

當初我們在尋找一隻拉布拉多幼犬的時候，因緣際會地接觸到一間繁殖場，原本很排斥
購買繁殖場幼犬的我，第一次見識到原來繁殖場也可以充滿對狗狗的愛，也可以隨時注意
狗狗們的身體狀況，及是否需要添加營養素，且每天都還會帶狗狗出門運動、遊玩，而每
隻母犬也只會生育固定的次數，不會漫無止境地生下去！

其實繁殖場在一個社會中有其必要，必須要靠整個社會的努力，才能建立完善的制度管理、監督制度，強制業者維護種犬的健康、定期接種疫苗、進行檢疫並兼顧環境的衛生狀況，如此才能有更健康的下一代。

## 認養就能救牠一命

那除了購買從繁殖場來的小狗，我們還能從哪裡得到呢？事實上，從各地的流浪動物收容所認養一隻狗，就是一個更好的方法及來源！

流浪動物收容所內的狀況。（取自「Welcome to the real world/影像與文字的邂逅」網誌）

流浪狗一直是臺灣社會普遍的問題，無論城市還是鄉間，任何地方都一定會有流浪狗，雖然街頭有流浪狗並不是個意外的情況，但在政府人員的眼睛，就成了一個妨礙市容的亂源，然而對於一定會有的流浪狗問題，各地政府幾乎採用的都是相同的一套方式，就是捕捉→收容→撲殺！

各區政府對流浪狗的處理方式都大同小異，基本上就是由清潔隊捕捉，然後送往流浪動物收容所，狗狗在收容所的這段期間也會提供一般民眾挑選、認養，但畢竟流浪狗的數量龐大，礙於經費，各地政府也不可能無限期地飼養牠們，當一段時間過去後，如果狗兒還是沒人要收養，就會為狗兒注射過量的安眠藥，然後送進焚化爐銷毀！

其實，我們不能抹殺各地官員們為維護城市觀瞻所做的努力，撲殺流浪狗也是他們不得不採取的手段，但這對一隻流浪狗而言，卻是多麼地情何以堪啊？造成流浪狗的禍首都是沒有良心的人類，如果不是人類的不負責任，又怎麼會讓狗兒流落街頭？然後再與其他流浪狗任意繁殖，造成更多的流浪狗呢？其實牠們都是無辜的啊。

## 狗兒無貴賤，你愛牠就好

看完了前面所述，相信你對「以認養代替購買」這句話應該會有更深一層的認識，當你想要養狗時，盡量以領養的方式而避免花錢購買，但如果你只鍾愛某一品種的狗，如果能夠找到自家寵物交配所生的幼犬最好；再者，其實有時候在動物收容所也能找得到部分名種犬，若上述兩種來源都無法找到你所喜歡的狗，而必須由店家購買，也請你務必慎選狗的來源，杜絕黑心繁殖場、寵物店，將來狗兒們才能有健康的一生！

請記得，狗無分貴賤，只要你願意愛牠並且照顧牠一輩子，無論是名犬、棄犬、流浪狗都是好狗。而且請記得帶牠回家就是你對牠一生的承諾，千萬別因為牠做錯事或者暫時還不會遵守你的規定，就任意地拋棄牠喔！

# 04

## 如何挑選健康的狗兒？

無論你打算購買一隻名犬，或者你想要領養收容所內的收容犬，甚至是你想要收留在街上流連徘徊的流浪犬，你都必須在帶牠們回家之前，先確認這隻狗狗究竟是否健康？是否患有任何疾病？以及是否需要先進行何種處理？而在本單元中，我們就要告訴你該如何選擇一隻健康的狗兒回家！

### 2、頭

在挑選狗的時候，無論幼犬或成犬，原則上盡量挑選頭比較大的狗，尤其是大型犬更要挑選頭大者，例如：黃金獵犬、拉布拉多、哈士奇、古代牧羊犬等。另外，有些品種的狗比較容易在頭的部位出現遺傳性的疾病，例如吉娃娃，在挑選時就必須確認頭大是否是因為有先天的水腦症。

### 1、眼睛

健康狗兒的眼睛必定明亮有神。但如果你要挑選的是幼犬，一般來說幼犬時期眼神看起來會比較呆滯，甚至有物體在眼前晃動時都不太會眨眼，不過這並不必然表示這隻幼犬有問題喔！這只是因為生理構造的原因所致。

### 3、鼻子

一般人大概都知道，當狗兒的鼻子不再濕潤時，大概就代表這隻狗的健康已經出了狀況，這點在挑選狗兒的時候當然也是一個標準，請你注意看看你所挑選的狗，是否在鼻子的部分呈現濕潤的狀況，如果鼻子乾燥無光澤，可能牠的身體正感到一些不舒服喔！

### 4、牙齒及口腔

牙齒的部分，對幼犬來說，雖然剛出生時所長的牙很快就會掉落並長出恆齒，但你還是得注意小狗的牙齒是否齊全，因為這關係到母犬在懷孕時是否有獲得充足的鈣質，這將會影響幼犬的牙齒及骨骼，而且還要注意牙齒是否長得端正，以及是否有畸形齒（例如常見的雙排牙問題）。

因為狗兒並不會自行刷牙，所以牙齒上會結有牙垢是一定的，但這個問題是可以在平時就預防的，以經驗而言，我會建議所有的飼主每天都給狗兒吃潔牙骨，不過目前坊間販售的潔牙骨種類很多，有一種葉綠素或薄荷製的綠色潔牙骨雖然能夠抑制不好的口氣，但對預防牙垢比較沒有幫助，而以牛皮製的皮骨比較能夠達到清潔牙齒的效果。

再者，牙齒可以用來研判幼犬大約的年紀，這有助你辨認狗販是否欺騙你，因為太早離開母親的幼犬可能因為奶水攝取不足而有健康的問題。請先看看幼犬的四顆犬齒，幼犬大約都會在出生3周以後長出犬齒，接著再看看上、下兩排門牙是否已經長出，小型犬大約在40天後，大型犬大約在出生30天後長出門牙，而如果連臼齒都已經長出來了，就表示小型犬已經出生超過兩個月，大型犬則至少已經出生超過一個半月了！

至於成犬呢，如果上下排牙齒都已經磨短了，你大概可以判定這隻狗至少有5至6歲，而如果你發現連犬齒、臼齒都磨平了，那麼這隻狗至少有10歲，屬於老犬了！

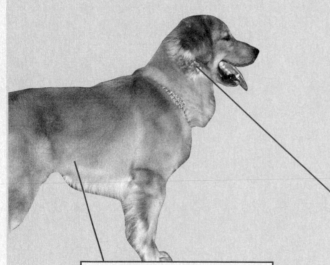

### 6、毛
除了某些原本毛質比較粗糙的狗種（例如某些品種的博美）以外，大部分狗種如果身體健康、營養充足的話，毛色都會較為有光澤並且柔順，而剛出生幼犬的毛摸起來會讓你覺得更為柔軟。

### 7、耳朵
先檢查狗耳朵外部及耳洞下方是否有掉毛的狀況，因為如果狗的耳朵有寄生蟲或感染發炎，狗兒感到搔癢時並不能直接掏抓耳朵內部，只能夠抓這兩個部分止癢，狀況沒有改善的話，久了這兩個部分就會因為狗兒抓癢而掉毛。

接著再翻開狗兒的耳朵，看看耳道內是否有髒污，如果有的話，基本上大概有兩個可能，如果耳道內的髒污是黑或深褐色，應該是耳朵內寄生耳疥蟲，帶回後只要連續進行滴藥就能解決，但如果不處理，嚴重者甚至可能會傳染給人；如果耳內髒污是黃色，則可能是因為狗狗耳朵內有發炎的狀況，這就必須請獸醫進行消炎並上藥了！

除了耳道內的疾病之外，有些狗狗如果罹患過皮膚的問題，可能耳朵外的毛囊會有壞死的狀況，除了要檢查耳朵上的毛以外，也請你看看耳朵上是否有長不出毛的部分，以及邊緣的毛上是否結有小的硬塊。

### 5、皮膚
翻起狗兒的毛看看狗兒的皮膚表層，檢查是否有小型寄生蟲，例如移動速度極快的黑色小蟲為跳蚤，吸附在皮膚上不會動，像是一個黑色囊袋的就是蜱（又稱壁蝨），而如果身上有許多疙瘩，則可能是身上有疥蟲或因環境潮濕所生的濕疹，若有皮屑剝落則可能是黴菌所致。上述的這些常見皮膚病雖然都是很容易處理的皮膚病，你也無須因為有這些小毛病而選擇不養這隻狗，但如果有這些問題的話，在帶狗狗回家之後，則必須謹慎地在治療前進行隔離，以免傳染或影響到家中的成員。

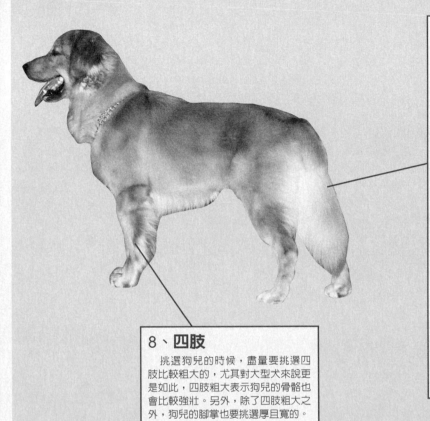

## 9、尾巴

如果要挑選的狗屬於短尾的品種，或者是已經經過斷尾手術，例如雪納瑞、貴賓、杜賓等，只要注意一下尾巴附近是否乾淨，有沒有因為沾到排泄物而髒污，因為如果狗兒的糞便會沾到尾巴，大概是因為拉稀而沾上，若是成犬，拉肚子只需要斷食並靜養幾天就能痊癒，但如果是幼犬拉肚子，則可能因此而過世。

另外，如果是長毛的大型犬，例如黃金獵犬，尾巴上的毛是否茂盛將影響牠將來的外型，擁有一隻茂盛如蘆葦的尾巴的黃金獵犬將會比尾巴毛稀疏的好看得多！另外，如果你能夠看到狗狗的爸爸，看看爸爸的尾巴是否粗壯，因為牠兒子將來的尾巴應該會和牠非常相似，擁有粗壯尾巴的狗兒將來會長得比較強壯！

另外，某些品種的狗在尾巴的部分會有特別的造型，例如拉布拉多的水獺尾也是用來研判是否為純種拉布拉多的依據之一。因此如果要挑選特定品種的幼犬，建議你問問其他相同品種的飼主，或者上網站、BBS站問問其他有經驗的飼主，是否有任何需要注意的部分。

## 8、四肢

挑選狗兒的時候，盡量要挑選四肢比較粗大的，尤其對大型犬來說更是如此，四肢粗大表示狗兒的骨骼也會比較強壯。另外，除了四肢粗大之外，狗兒的腳掌也要挑選厚且寬的。

## 其他簡單的測試

除了上述外觀上的檢查之外，還建議你也針對你有興趣的狗狗做以下的幾個簡單測試：

### 一、狗兒對你友善嗎？

走近你有興趣飼養的狗兒，如果牠表現出一副很兇的模樣，對著你吠叫或者甚至想攻擊你，你可能得有心理準備，你和這隻狗將來在相處上可能要花上一點磨合的時間。但如果相反，這隻狗兒會熱情地跑向你、舔得你滿臉口水，或者是在你身邊跳來跳去，張著大眼睛不停地望著你，那你應該可以安心，因為他應該還滿喜歡你的！相信我，狗兒就是有一種不可思議的第六感，而且牠們會完全依照感覺去決定牠要喜歡你或是討厭你！如果你讓牠討厭，你就必須花非常多的時間才能得到牠的芳心！

### 二、 牠會兇其他的狗兒嗎？

觀察一下這隻狗兒與其他狗的相處，看看其他狗兒靠近牠或者是要接近牠們共有的食物時，牠會不會對其他的狗兒兇？如果會的話，表示牠的老大心態很強，將來你帶牠出門時牠可能很容易與其他狗隻發生衝突，無論是大型犬還是小型犬，牠將來都一定會造成你的困擾或負擔，而且將不容易融入其他的狗兒或飼主群中。

### 三、 牠會很容易突然狂叫嗎？

你可以抱著牠一會兒，然後看看這段期間裡他是否會因為任何原因突然開始大叫，如果會，表示這樣的狗兒很容易神經緊張，而且將來很容易會有產生分離焦慮症的困擾；另外，突如其來的狂吠也會造成左右鄰居的不滿，讓你成為不受歡迎的鄰居喔！

### 四、 觀察狗狗走路的狀況

無論你要帶回的是幼犬還是成犬，你都可以讓狗狗走一下，看看牠走路時是否會有任何不順利的狀況，例如有沒有跛腳的情況，或者明顯走路的動作不正常等，避免帶回一隻骨骼、關節有問題的狗，大型犬也比較能夠避免有髖關節的問題。

### 五、 觀察狗狗進食的狀況

建議你先決定將來要購買哪一個廠牌的飼料，然後在出門看狗之前，找寵物店要幾包該廠牌的試吃包，或者找找看有沒有朋友能夠給你一點該廠牌的飼料，在看到狗的時候，試著讓狗吃吃看，這有助於了解狗狗是否挑食，或者因為健康有問題導致食欲不振，另外當然也是為了測試一下你將來打算購買的飼料牠是否接受。

如果你打算要飼養的這隻狗會挑食，將來在教養上，你一定會遭遇到許多的困擾，不過如果碰到這個狀況，建議你一定要有心理準備，為了狗兒好也為了你好，你一定要有長期抗戰的決心，並且一定要堅持下去，至於處理的方法，我們在後面一點的內容中將會再為你介紹！

### 六、確認是否已經接種預防針

狗兒從一個半月之後就應該要開始接種預防針，如果你要收留流浪狗，你當然不用期待牠已經接種預防針，等你帶牠回家之後盡快找獸醫進行接種是當務之急；但如果你是要從寵物店購買幼犬，請記得一定要問清楚牠們是否已經帶幼犬去接種預防針，如果有接種，還要問清楚接種了哪些，並且索取小狗的預防針接種證明手冊及施打狂犬病的金屬狗牌。

# 05 了解寵物買賣定型化契約

近年來行政院農委會大力進行「寵物買賣定型化契約」的推動，並在不久前制訂了一份農委會版的契約範本，一般人可能都覺得這對購買寵物的消費者是一項保障，然而事實上究竟是不是這樣呢？接下來就讓我們來看看吧！

**農委會版「寵物買賣定型化契約書」全文**

## 寵物買賣定型化契約書1

立契約書出賣人　　　　（以下簡稱甲方），買受人　　　　　（以下簡稱乙方）茲為下列寵物買賣事宜，雙方同意簽訂本契約，協議條款如下：

**第一條：買賣標的**
甲乙雙方買賣之寵物以動物保護法第三條第五款之所指犬、貓。
寵物種類: □犬　□貓　　品種:
寵物性別: □公　□母　　顏色:　　出生日期:

**第二條：買賣價金及契約效力**
1.本買賣總價款為新台幣　拾　萬　仟　佰　拾　元整。
2.乙方支付前項買賣價金之方式如下：
（1）乙方於民國　年　月　日支付全部買賣價金。
（2）乙方於民國　年　月　日支付訂金新台幣　拾　萬　仟　佰　拾　元，並應於日內付完餘款。
3.乙方如依前項第二款所定之方式支付定金者，在未完成餘款交付之期間，如該寵物染患疾病或甚至死亡，甲方應盡告知義務，並退還乙方所付之定金或經乙方同意以另一寵物替代之。
4.自甲方完成交付本契約所訂之買賣標的物，並由乙方將買賣價金全數付訖後，始生本契約所訂買賣標的物所有權轉移之效力。

**第三條：寵物責任擔保條款：**
1.本契約所訂之買賣標的物（以下稱標的寵物）於民國　年　月　日由乙方受領完畢。
2.標的寵物交付後，乙方應遵守甲方所指導之方式飼養，並定期至特約動物醫院（如附單）進行驅蟲、施打預防注射及完成寵物登記作業。
3.乙方應於標的物交付後之48小時，特約之動物醫院進行檢查，如標的寵物經診斷患有

發高燒、持續性下痢或嘔吐、肺炎病症,並經特約動物醫院開立診斷證明書,甲方應無條件將標的寵物收回,並更換同等值之幼犬(貓)乙隻與乙方,逾期應由乙方自行負責。如檢查後發現該寵物有輕微之異常症狀,應即刻告知甲方,與甲方協調後續處理。

4. 自標的寵物交付之日起五日內,標的寵物如罹患狂犬病、犬瘟熱、出血性腸炎、冠狀病毒性腸炎、貓瘟、卡里西病毒及傳染性腹膜炎疾病,經由特約動物醫院開立診斷證明書,甲方應無條件將標的寵物收回,並更換同等值幼犬(貓)予乙方。

5. 自標的寵物交付之日起180日內,標的寵物經由特約之動物醫院,診斷證明患有先天性或遺傳性癲癇、髖關節及毛囊蟲疾病,甲方應依原價金五折再售與標的寵物同等值幼犬(貓)予乙方,該患病犬(貓)由乙方決定收留或交由甲方收回。

6. 自標的寵物交付之日起180日內,標的寵物經由特約之動物醫院診斷證明患有先天性或遺傳性心臟、青光眼或耳聾疾病,甲方應更換同等值幼犬(貓)予乙方,該患病犬(貓)由乙方決定收留或交由甲方收回。

7. 乙方如未依前六項約定辦理,標的寵物均視為健康狀況正常,爾後標的寵物所發生之疾病均與甲方無關,乙方應自行負責。

**第四條:責任除外條款**

1. 凡屬天然災害、意外傷害、及其他不可抗力或因飼養不當人為因素所造成之標的寵物死亡或疾病,不適用於本契約所訂之責任擔保範圍內。

2. 末依主管機關規定期限內完成寵物登記者,不適用前條第五項及第六項之規定。

**第五條:價金給付或標的物受領遲延之責任**

乙方應按時給付買賣價金,乙方如有給付價金或受領標的寵物遲延,經甲方催告而乙方仍不履行時,甲方得解除本契約,沒收買受人已付之價金。

**第六條:給付不能**

因不可歸責於甲乙雙方當事人之事由,致甲方給付不能者,甲方應返還買受人已付之價金,及自受領日起至返還日止依法定利率計算之利息。

**第七條:契約之解除**

乙方支付定金後,如不願買受標的寵物,得拋棄定金,解除本契約。

甲方如不願出售標的寵物時,得加倍返還買受人所支付之定金後,解除本契約。

**第八條:未盡事項**

本契約訂立後,若有未盡事宜需增刪修改,經雙方本著誠信公平原則或依民法及相關法令,修改之。

第九條:爭議調解及合意管轄

因本契約所發生之爭議，雙方同意先送交轄區寵物商業同業公會之調解委員會進行調解，若未能調解，雙方同意再以　　　地方法院為第一審管轄法院。

第十條：契約份數
本契約壹式三份，由甲乙雙方各執一份為憑，並送交目的事業主管機一份備查。

立契約書人　　甲方(出賣人)
　　　　　　　法定代理人：　　　　　　聯絡電話：
　　　　　　　公司行號：　　　　　　　簽章：
　　　　　　　寵物販賣許可證號：　　　寵登字第　　號
　　　　　　　營利事業登記證號：
　　　　　　　乙方(買受人)
　　　　　　　法定代理人：　　　　　　聯絡電話：
　　　　　　　身分證字號：
　　　　　　　住址：

中華民國　　年　　月　　日　　時

本契約書版本係根據民國95年9月4日農委會所舉辦之「寶貝家族忘年會」宣導用之版本。

## 契約中的玄機

　　雖然我是法律系出身，本身也是寵物店業者，在了解了農委會所訂定的「寵物買賣定型化契約」內容之後，只能說這真的是一份保障業者卻嚴重剝奪消費者權益的不公平條款，至於這份定型化契約的不合理之處在哪？我們接著就為所有愛護狗狗的飼主說明：

**一、片面起草：**
　　雖然農委會的原意是為了保護購買寵物的飼主，但是在起草這份定型化契約時卻沒有邀請任何的消費者機關或團體（例如消基會、消保會），而主管的動物、植物防疫檢疫局也都未參與其中，完全是片面草擬。

**二、排除原有法律保護：**
　　一般來說關於交易的權益保障，除非是特殊的單行法規，否則都以民法作為基本法，但在這份定型化契約中，許多消費者原本得依民法相關規定主張之權利，卻被約定而限縮，

甚至是完全被排除，然而對於寵物業者卻是因此獲得空前的利益保障，例如要求消費者「應遵守甲方所指導之方式飼養」，而如果不這麼做，無論購買的寵物發生任何的問題，業者只要依照契約主張「因飼養不當人為因素所造成之標的寵物死亡或疾病」，就可以輕鬆而排除己方的責任！

### 三、架構規畫不嚴謹：

從結構面看來，如果要落實「寵物定型化契約制度」，首先必須要讓獸醫師公會與寵物業者組成策略聯盟，而要組成策略聯盟，首先除了獸醫師公會願意參與以外，還要有「動物醫院」願意簽約加入成為契約書中所謂的「特約醫院」。然而照常理來看，這份定型化契約可謂大都在保障寵物業之利益，然而以現行國內的狀況來說，保障寵物業的利益幾乎就等於會罔顧動物的生命，如此一來，獸醫師公會或任何動物醫院會甘冒降低自身專業、公正之形象，只為了為寵物業利益背書嗎？關於這個問題，我們想一想就會知道答案！

> 由許多接觸到的經歷看來，許多人可能在狗販帶著可愛的幼犬兜售時，就抵擋不住可愛幼犬的魅力立刻掏腰包付錢，要購買幼犬時一定要經過審慎的思考及嚴格的檢查，才能讓你與狗兒快樂地度過將來你們共處的時光喔！

### 四、寵物業者責任範圍大幅限縮：

在本定型化契約中，對寵物業者最大的保障就是關於第三條的規定。農委會曾經在一次說明會中表示，將會接受寵物業者的建議，要將第三條中的規定改為「列舉」，對一般人來說可能無法了解「列舉」這個法律名詞所代表的意義，不過如果我們換個方式來說，你可能會比較容易知道差異在哪。

在原本的條文中，如果採用「列舉」的方式，消費者在購回寵物之後必須依照第三條的條文，分別完成文中提到的各項行為，而如果已經依照條文完成，但寵物仍有問題時，寵物業者就必須依照各項疾病的狀況，進行對應的處理或負擔應有的責任。

乍看之下，第三條的條文似乎已經相當地完善了，但事實上每一隻狗可能罹患或先天由遺傳所得到的疾病怎麼可能只有這些？而且許多疾病都不是在寵物被購買回來之後短期內可以檢查出來，如果在規定的期間後才出現病症，依照民法的規定寵物業者都負擔有瑕疵擔保責任，但因為簽訂了這份定型化契約，業者卻可以完全不用負擔責任！

另外，在實際的狀況中，獸醫是否真的能夠不受業者左右，秉持專業、中立的立場為你開立診斷證明？這可能都是個問題，而依照實際的經驗，多數的醫生也都不願意為飼主開立診斷證明，當消費者無法取得醫生的診斷證明，依照定型化契約的內容，就根本無從尋求救濟了！

所以綜合上述，相信你就能清楚知道業者只要依據第三條的條文，就可以排除許多原本應該負的責任，而消費者的權益也就在這些條文中被出賣殆盡了！

## 五、不同疾病有差別待遇

消費者購回的幼犬如果有第三條3.4.6.點之疾病與狀況時，業者都有義務要收回幼犬，但若診斷出先天性或遺傳性癲癇、髖關節及毛囊蟲疾病時，卻需以市價五折再售予同等值幼犬，等於消費者花費的金額為1.5隻幼犬，卻得到1隻健康的幼犬，或者是1隻健康幼犬加上一隻有狀況的幼犬，然而消費者購買到的幼犬有問題，且這個問題並非可規責於消費者時，為何卻得另外支付0.5隻幼犬的價格？

## 六、刺激棄犬潮出現：

在第三條中都有規定業者收回問題幼犬的狀況，然而當業者收回有問題的幼犬後，這些幼犬會落得如何的下場呢？如果這些幼犬有某些疾病，無法繼續販售，但是幼犬每天還是需要固定的飲食，可以想像的，在商言商的業者若非將這些幼犬殺害，就是將之丟棄，如此必當刺激一波一波的棄犬潮出現。

## 七、診斷費用何人負擔？

在定型化契約中雖然提到了各項檢查程序，但卻完全未提及這些必要檢查程序的費用由哪一方負擔，因此可能發生的情況就是當消費者自費負擔了各項檢查後，發現所購得的幼犬有某些疾病，也只能要求業者更換或另以半價售予一隻健康幼犬，至於檢查所需的費用，因為契約未載明，所以業者皆可拒絕給付！

## 八、業者專業素質是否可信賴？

在第三條的第二項中，約定消費者應遵守業者所指導之方式飼養，但是目前國內寵物業者（包含其聘僱人員）的素質參差不齊，是否具備足夠的專業知識？由業者所指導的飼養方式真的正確嗎？而且在契約書中既然已經提到應設有特約動物醫院，卻為何不直接要求消費者應諮詢醫師的指導，而捨本逐末要求依照業者的方式呢？這點令筆者覺得相當的匪夷所思！

其實這份定型化契約既是草草制訂，可能產生的問題本來就相當多，還有許多法理上的爭議，不過這個部分就非本書應該花篇幅討論之處。因此，在此筆者呼籲所有即將成為狗狗飼主的讀者，如果你一定要以購買的方式得到你所喜歡的狗兒，為了你的權益著想，請你考慮拒絕接受這份剝奪飼主、寵物權益的定型化契約，而向較有口碑的商家或者動物醫院接洽。

另外，由許多接觸到的經歷看來，許多人可能在狗販帶著可愛的幼犬兜售時，就抵擋不住可愛幼犬的魅力立刻掏腰包付錢，要購買幼犬時一定要經過審慎的思考及嚴格的檢查，才能讓你與狗兒快樂地度過將來你們共處的時光喔！

# 我該帶流浪狗回家嗎？

你應該曾經在各種媒體或者網路平台上看過以收養代替購買的宣導，不過當我們打算從收容所認養一隻流浪狗，或者是當我們在街上遇到一隻與你有緣的狗兒時，是否就可以帶牠回家呢？收養流浪狗會不會有什麼可能的問題或必須注意之處呢？關於這些，我們將在這個單元為你説明！

## 不可忽視的寄生蟲問題

只要是無人飼養的動物，幾乎都一定會有寄生蟲的問題，寄生蟲還分有體內及體外的不同，體外的可能有跳蚤、蜱、疥蟲，體內寄生蟲常見的則有蛔蟲、球蟲、鉤蟲、鞭蟲等（當然還不只這些）。

當你確定狗兒體內、外有寄生蟲時，請你不用擔心，但是一定要處理，因為任何一種的寄生蟲嚴重的話幾乎都會對你造成一定影響，但是任何一種寄生蟲都很容易處理。

如果是體外的寄生蟲，建議你先以體外除蟲洗劑清洗一次，如果嚴重的話可能需要用到2~3次，然後在洗澡後約2~3天，為狗兒全身噴灑除蚤噴劑，如此應該就能將狗兒身上原有的體外寄生蟲清除！

在選擇體外寄生蟲噴劑時，建議你可以嘗試挑選一些由純天然植物提煉的製品，這比一般常用的藥用除蚤噴劑溫和，比較不會傷害你及狗兒的肝、腎等器官，而且較不會有致癌的危險，另一方面，跳蚤對這類噴劑較不容易出現抗藥性。

但是還有一點也請你注意，某些體外寄生蟲是具備自行移動的能力，因此假如狗兒身上有體外寄生蟲的話，當你將他帶回家之後，這些寄生蟲可能就已經開始在你家中流竄，為了你與家庭其他成員著想，建議在清除了狗兒身上的體外寄生蟲之後，將你家中的環境也一併進行一次清理，至於如何清理？較為全面的方式是使用水煙，你可以在各大賣場或藥房買到，而在使用過水煙之後，建議你再使用一些能夠抑制跳蚤等寄生蟲繁殖的噴劑，對家中的整個環境進行噴灑；這類的噴劑可以很容易在寵物店購得，而且可以直接對衣物、地毯等物品噴灑，這將會有效降低跳蚤的活動能力及繁殖能力，降低你家中孳生跳蚤的機率。

## 經過收容的流浪狗可能已經被結紮

雖然筆者是強烈反對為狗狗結紮，但是一般來說，被收留的流浪狗都會先被進行結紮，

因此如果你要收養流浪狗，你必須先有心理準備，帶回家的狗兒很有可能已經不具備生殖能力，而且摘除睪丸或子宮的狗兒一定會缺乏部分的賀爾蒙，在個性上一定是與一般正常的狗兒略有不同，常見的狀況就是：可能膽小、有些生理疾病等。因此在帶流浪狗回家之前，建議你一定要先向先前收養這隻狗的人問清楚。

## 天性怕生的狗兒可能會比較兇

會成為流浪狗，可能從小就生活在街頭，必須與其他狗競爭食物、異性，或者是經歷過被前飼主拋棄，因此個性可能會比較多疑、怕生或警戒心強，而這樣一來，當你尚未與牠建立默契及感情之前，可能對你的態度也會較為兇猛，當你靠近牠時，可能會對你吠叫甚至會有攻擊的行為。

### ★需要更多的愛心與耐心

如果你想要飼養的狗兒有上述的徵狀，當然筆者一定要提醒你要小心，不要讓狗兒傷害你，可能一些必要的工具最好能先準備，例如戴較厚的手套避免被咬傷，為狗兒配戴訓練用的頸圈或P字鍊（這類用品我們會在稍後的章節為你介紹），接著請你體諒牠並不願意過餐風露宿的日子，兇猛只是牠用來保護自己在外面環境中生存的方式，希望你一定要拿出愛心及耐心，開始嘗試與狗兒培養互信與感情，你可以時常用溫和的語氣和狗兒說話，或者給牠一些香甜的小點心，然後試著待在牠旁邊比較長的時間，讓牠慢慢習慣你是牠生活中的一部分，只要你願意長期抗戰，狗狗一定能夠被你感化，並且與你培養出深厚的情誼。

### ★出門散步要看緊

另外，因為在狗的社會中只有上、下的主、從關係，狗兒難免會對不認識的其他狗兒展現出兇狠的一面，因為在狗的世界裡碰到另一隻狗的時候，通常都會先打一架以便決定兩隻狗中究竟誰是老大誰是小弟，而當一隻流浪狗從狗的社會進入你的家庭後，這樣的習性難免改不過來，因此如果你開始飼養一隻流浪狗，當你帶牠出門時，你必須知道在牠看到另一隻狗兒的時候，牠很有可能會想要衝上前去與這隻第一次碰面的狗決一勝負，此時看緊牠、牽好牠是你作為一個飼主的責任，也是避免對別人或別家狗兒形成傷害的一個方式！

## 飲食習慣需要時間適應

流浪在外的狗兒想要取得食物，主要的來源大概都是人類剩餘的菜餚，然而人類伙食總會添加多種調味料，其中鹽、辛香料等對狗兒的健康其實是有害的，然而當一隻狗在外習慣了吃人類的剩菜、剩飯後，你希望牠能夠在你飼養下開始攝取對牠比較好的食物時，將會需要一點時間才能適應，所謂由奢入簡難，就算是人，習慣重口味食物之後要他換吃輕粥小菜，總要給他一點時間適應，因此你別責備收養回來的狗為什麼都不聽話，不吃你給

牠的飼料,而這段期間也希望你為了牠好,千萬別心軟將原本你該吃的食物分給牠吃,唯有狠下心糾正牠的飲食習慣,牠的身體才能越來越健康!

## 排泄的位置最令人頭痛

其實無論是購買回來的名種犬還是外面收養的流浪狗,也不管是成犬還是幼犬,狗狗便溺的地點一向都是飼主最為頭疼的問題,對狗狗來說,牠要在哪裡「方便」,可能是一種牠與生俱來的生物本能,你希望牠依照你的方式或指定的地點上廁所,是與牠的本能對抗,這其實真的是一件不簡單的事情,希望你還是秉持著愛心與耐心,慢慢地導引牠,相信只要你給牠足夠的時間,有朝一日牠一定會成為一隻聽話的乖狗狗。

至於教導狗狗去指定地點上廁所也有一些方法,這些我們將在稍後的篇章中為你說明!

而當你了解了上述的一些可能狀況,也做好了必要的心理準備,你仍然願意收養一隻原本在外流浪的狗狗時,你再開始收養的行動吧!

# PART 3
## 狗狗入厝囉！

傳統上很多人將狗視為「動物」，而不是「寵物」，所以老一輩的人在養狗的時候，都覺得給牠吃給牠喝就足夠了，但一些傳統的觀念其實是不對的，甚至是不合現代法令規定的，因此接下來我們就來看看，在迎接狗兒回家之後，在環境、物質及心理各個層面都必須先做好的一些準備！

Part 03
狗狗入厝囉！

# 迎接新成員之前的準備工作

在一隻狗狗要來家裡與你一起生活之前,你當然必須先進行一些準備工作,才能夠讓你與即將到來的狗狗一起快樂的生活!

### 為即將到來的狗狗規畫生活空間

　　為狗狗規畫牠將來的生活空間,最重要的環節就是睡覺與上廁所的相對位置,然而在進行規畫時,你必須知道狗狗的一個本能,在狗狗大約5~6個月大以後,會逐漸開始討厭自己的排泄物,這是因為在野外的環境中,排泄物的氣味將會是天敵找到自己的最重要線索,狗狗為了保命,當然會很在意自己的排泄物是否會引來天敵的侵犯。

　　也因此,狗狗的本能將會讓牠很排斥自己排泄位置與自己睡覺的地方太過靠近,所以當你在為狗狗規畫生活空間時,務必要將這個本能行為也考量進去,千萬別為狗狗規畫一個排泄與睡覺位置太接近的空間,例如當你希望狗狗能夠自己走進廁所大、小便時,你就不可以將狗狗睡覺的位置規畫在廁所的門口或是廁所附近,這樣違反牠生物本能的安排,牠是會不想要接受的,而這個原則也是許多新手飼主最容易忽略,導致狗狗無法接受飼主安排而在不對的位置上廁所的最大原因。

### 不想被破壞的物品先做好防範措施

　　和人類一樣,幼犬在成長過程中會經歷換牙的過程,這段期間內小狗將會看到什麼就往嘴巴裡送,拿到什麼就開始咬,因此如果你帶回來的是一隻不滿一歲半的幼犬,請你先看看在你規畫給牠的生活空間中,有沒有什麼東西是你不希望讓牠咬壞的,如果有的話,能夠移開就先移開,不能移開的話,也盡量用別的物品進行包裹,以免等到悲劇發生後再來懊悔。

### 先和左鄰右舍溝通

　　現在大多人都住在城市,而城市的居住環境多為公寓大樓,狗兒多多少少都會吠叫,如果你的鄰居排斥,或者是因為狗叫聲而造成他人不悅,都是不太好的狀況,因此在帶狗狗回家之前,最好能夠先與左右鄰居溝通,也順便讓他們知道你家裡即將多出一隻狗狗,讓他們做好心理準備。

### 清掃狗狗即將入住的環境

　　無論你要讓狗狗住在哪個位置,在狗狗回到家之前,你最好是能夠將該位置打掃一遍,這樣才能讓狗狗安心且舒適地展開全新的生活。

## 該為新成員準備哪些用品？

狗狗要回家了，但你為牠的到來做好準備了嗎？牠來到家中之後，是否可以快樂又舒適呢？你是否備妥了各項牠日常所需的食物、用品呢？

### 必需品：飼料

當我們要開始飼養一隻狗，第一個想到要準備的應該就是飼料了，不過飼料的品牌相當多，該如何挑選一種合適的飼料給你的狗兒，可能也是第一件要讓飼主傷腦筋的事情。

基本上，依照實地比較後的結果，狗飼料這種產品真的是一分錢一分貨，所謂羊毛出在羊身上，挑選價格較高者大體上應該不會錯，千萬別相信狗飼料這種商品有所謂的「便宜又大碗」，否則將來吃出問題可別說我沒有提醒你！

#### ★聽聽朋友怎麼說

但在每一個價格區塊中，應該都還有不只一個選擇，舉例來說，希爾絲、皇家、美士都大約是屬於相同價位的犬用飼料品牌，那在相同的產品區隔的眾多產品中，又要怎麼選擇？當然最直覺的方式可能會先向朋友們詢問，而且在詢問的時候別忘了要請教別人建議某個牌子的理由為何，例如是否因為成分的關係而推薦，或者是因為牠家的狗狗吃了某個牌子之後發生什麼狀況等等，如果朋友給了你一個建議，卻說不出為什麼，或者他所謂的好與不好，都只是出自於他的「感覺」，而沒有任何的依據，建議你對於這種推薦，還是聽聽就好。

#### ★詢問醫師意見

另外，詢問專業的動物醫生也是一個最可靠的方法，畢竟醫生受過多年的專業訓練與教育，一定比我們一般人懂得如何判別飼料的好與壞；不過雖然話說如此，依照我的經驗，也是曾經碰過一些醫師並非秉持良心或專業行醫，因此在選擇獸醫之前，最好也是多問問有經驗的朋友或是上網詢問何處有不錯的醫師比較好！

而除了朋友與醫生之外，你也可以藉由透過網路取得其他你不認識的人的經驗，網路上有著許多與寵物相關的網站、論壇、家族或是BBS討論版，在這些地方你都可以與其他飼主做經驗的交流，而且當你提出疑問時，通常都能得到一些不錯的建議！

## 一些有名的寵物網站

| 網站名稱 | 網址 | 說明 |
|---|---|---|
| Rose's 流浪動物花園 | http://www.doghome.idv.tw/ | 以流浪動物收養為主題的網站，也設有討論區提供發問。 |
| 寶島動物園 | http://www.lovedog.org.tw/ | 台中市世界保護動物協會的網站，也有討論區可供發問。 |
| 台灣寵物王 | http://www.twpet.com/ | 一個稍具知名度的寵物網站。 |
| 數位男女 | http://bbs.mychat.to/ | 為一綜合性論壇，其寵物討論版的人氣很旺！ |
| 台灣認養地圖 | http://www.meetpets.idv.tw/ | 也是一個以送養流浪動物為主的寵物論壇，但也提供意見交流及提問。 |
| 寵物熱 | http://www.edog.com.tw/ | 一個剛成立的寵物網站，目前開放測試。 |
| 飛格寵物 | http://flycall.com/bbs/ | 以買賣、送養訊息為主的寵物論壇，也涉有寵物問題討論區。 |
| 寵物小站 | http://home.kimo.com.tw/flamehusky/ | 介紹許多寵物飼養方法的網站。 |
| 寵寵微積 | http://34c.cc/ | 提供寵物買賣登錄、認養、失蹤協尋，也有心得分享的討論版。 |
| 台大椰林風情 | BBStelnet://bbs.ntu.edu.tw | 台灣大學所設立的BBS站，其狗狗版也是人氣聚集的有名BBS討論版。 |
| 批踢踢實業坊BBS站 | telnet://ptt.cc | 也是台大的BBS站，設有寵物討論版。 |

## 選購品：罐頭

　　對於是否餵食狗罐頭，其實一向有不同的意見，有人反對給狗兒吃罐頭，也有人覺得應該添加一點肉類以補充飼料不足的營養。關於這點，我曾請教過專業的醫師，依據醫師的表示，讓狗兒平時攝取罐頭的肉類並沒有任何害處，在野生環境下，狗兒本來就會獵食其他小動物，而且一般罐頭都會先經過高溫蒸煮，在衛生與安全上是比較不需要擔憂的。

讓狗狗食用狗罐頭其實並沒有害處。
（產品提供：小布屋寵物館）

### ★貼心設計適應需求

　　一般的罐頭通常會區分為兩種不同的包裝，不但包裝材質不同，內容量也有差異，這可能是新手飼主常會覺得困惑之處。其中一種包裝採用鋁箔紙，容量為100公克，另一種包裝採用馬口鐵，容量則為400公克，兩者的容量雖然不同，價格卻幾乎相同，這是為什麼呢？其實採用鋁箔紙包裝的我們稱為「餐盒」，而這種包裝的目的其實只是為了方便攜帶，並且容易在出外的時候餵食，因此單位價格會比較貴，至於馬口鐵包裝的一般就稱之為「罐頭」，多為在家食用，單位價格也會比較便宜。

　　而除非飼養的是大型犬，否則對一般中、小型犬而言，一個400公克的罐頭開啟後可能要一段時間才能夠食用完畢，吃不完的只能放進冰箱冷藏，但為了避免冰箱內出現狗罐頭的味道，也為了避免狗罐頭吸附冰箱內其他食物的味道，必須在每次放進冰箱時使用保鮮膜封口，這樣其實頗為不便，因此也有廠商生產專門給狗罐頭使用的橡膠罐頭蓋，如果你家的狗兒在食用罐頭時也有上述的困擾，你也可以向寵物店洽詢此類產品。

100公克裝的犬用餐盒。

### ★注意品質勿含過多調味料

不過狗罐頭的廠牌很多，要怎麼挑選呢？首先對於一些時常出現問題的廠牌，或者造成食用的狗狗暴斃等狀況的廠牌，當然就不要為了省錢而購買，畢竟這種問題是不怕一萬只怕萬一，哪天如果因購買品質不佳的罐頭，而導致狗狗的身體出狀況，相信這並非你所樂見；另外，如果罐頭開啓後味道很香，甚至連你「聞到都想吃一口」，這表示罐頭內添加了太多的調味料，這對狗狗的身體也絕對不是一件好事，像這類的罐頭也千萬不要購買。

另外，有的人會很在意罐頭內是否有添加其他副食材充數，例如價格較便宜的豆子、豆皮等，這些其實都可以在餵食的時候分辨，但其實這些副食材其實對狗狗都是無害的，只是你花錢卻買到不是真材實料的產品，心理上會不太舒服吧？

不含防腐劑的冷藏肉條。

不過為了能夠長期保存，一般罐頭在製作時或多或少都會添加一些抗氧化劑，也就是一般所俗稱的防腐劑，不過就如同人類的食品一樣，添加防腐劑是不得不使用的方式，但是吃多了總是對身體不好，因此也有廠商研發不添加防腐劑的冷藏肉條，由於不添加防腐劑，還頗受飼主的歡迎；這類肉品無論開封與否，都必須放進冰箱進行冷藏，而且購買時商店會提供你一個塑膠封口蓋，讓你方便保存，不過這類產品的保存期限較短，在購買時請注意是否超過保存期限喔！

冷藏肉條的價格也比罐頭來的高！

## 必需品：碗＆喝水器

既然食物都準備了，那麼裝食物的碗及用來喝水的喝水器當然也不可缺少，一般在購買狗碗可以挑選底部加有止滑墊的產品，這樣可以讓碗在狗狗吃飯時不會到處跑，至於喝水器，則可以依照實際的環境，挑選站立式或者是釘、掛在牆上的產品。

狗碗及喝水器。

## 必需品：睡墊or寵物床

對狗狗而言，牠們會習慣在固定的地方睡覺，因此建議你要為牠準備一張專屬牠的「床」，這樣會讓牠覺得比較有安全感。

一般來說，幾乎所有的寵物店都會販售寵物床，售價則依據材質與尺寸有所不同，大體上會從數百至數千元不等。

另外，許多人可能會覺得寵物床是冬天才需要的用品，至於夏天

寵物店都會販售各式的寵物床墊。

的時候，狗狗會喜歡睡在冰涼的地板上，其實這樣當然是沒有錯，然而你必須考慮到一點，如果狗狗直接睡在地板上而沒有鋪上床墊，夜晚的時候地板溫度會逐漸下降，此時直接趴在地板上的肚子也會跟著地板而降溫，這樣比較容易出現著涼的狀況，而這個問題應該如何改善比較好呢？

適合在夏天使用的簡易睡墊。
（產品提供：小布屋寵物館）

其實坊間有販售一種專供夏天在冷氣房中使用的簡易寵物睡墊，不但不會讓狗狗睡在上面覺得熱，也可以保持狗狗肚子不會因為地板溫度降低而失溫著涼，再者因為使用特殊布料，不容易被狗狗的爪子勾到而脫線，又可以直接放進洗衣機清洗，而且最重要的，價格上也相當便宜，比起動輒上千的寵物床來說，算是相當的經濟實惠，我認為是一種相當實用的夏天睡墊。

狗籠也是一種避免對狗破壞家中物品的手段。（產品提供：小布屋寵物館）

## 選購品：籠子 or 狗屋

對於是否要將狗狗關在籠子裡，也是一個見仁見智的問題，不過就如同前面提到的，狗狗並不喜歡睡覺與排泄的地方在一起，但狗籠的設計就明顯違反了狗狗的這個本能，因此我會建議你能夠不要將狗狗關在籠子裡就盡量不要。

然而這並不是說狗籠就是個完全不需要的物品，因為如果你家的狗狗具有超強的破壞力，只要你一不在家牠就會傾全力破壞家中的所有物品，為了降低可能的損失，在不得已的情況下，籠子反倒是一個能夠限制牠破壞力的手段。

一般市面上販售的狗籠都用長度做區分，較為常見的尺寸有2呎、2呎半、3呎、3呎半等，購買之前請先衡量你的狗狗大概需要多大的籠子。但是請注意，請不要給狗狗一個太大的籠子，只要牠進去之後在裡面站起來是剛剛好的籠子即可，太大的籠子對狗狗來說反而會造成壓力。

另外，如果你並不打算將狗狗一直關在籠子裡，而是讓籠子呈現開放式的狀態，也就是狗狗可以隨自己的意願進入或離開，這樣子對狗狗而言，籠子將會是牠的「窩」，而不是一個禁錮牠的「牢籠」，如此狗籠對牠而言反而會是一個能夠感到安全的地方，在這樣的狀況下，倒是鼓勵你為狗狗添置一個狗籠。

有一點請你要記得，狗籠的底部通常都是採用金屬網的設計，這樣的設計其實對狗狗的腳掌而言並不好，如果你的狗

狗屋對狗狗是一種安全的象徵。
（產品提供：小布屋寵物館）

狗會在籠子裡睡覺，或是待上較長的時間，建議你至少將狗籠的一半寬度鋪上布或前面提到的床墊，以便讓狗狗可以比較舒服地走動或休息。

如果你的預算寬裕，而且你的家裡有足夠的空間，甚至建議你為狗狗添購一個狗屋，當你的狗狗有一個自己的屋子時，牠在這裡將可以得到完全的放鬆與安全感！

胸背帶、頸圈。

## 必需品：牽狗繩or提籠

這些用品是當你要帶狗狗出門時必須的，目前在台北市已經嚴格規定帶狗出門時飼主一定要為狗狗戴上牽繩，以避免因為狗狗不受控制而產生危險或傷害。

> 許多牽狗繩的設計都會採用反光材質，甚至是加上會閃爍的小燈，如果你會在夜間帶狗兒出門，選購時最好是採用這些形式的牽狗繩。

一般市售產品中，大約區分成胸背帶及頸圈，胸背帶就是綁住狗狗的胸部，而頸圈顧名思義當然就是圈住狗狗的頸部，而無論是哪一種，都必須鉤掛在牽繩上，主人只要握住牽繩就能牽引狗兒了。

訓練用P字鍊。（產品提供：小布屋寵物館）

而相對於一般使用的產品，另外還有一些作為訓練之用，這類產品的原理大多是讓主人可以透過縮、放牽繩的動作，在必要時勒住狗狗的喉嚨使其無法呼吸，狗狗在無法呼吸時一方面會感到害怕，二方面也不得不停下正在進行的動作，由此達到控制狗狗動作的目的。

還有些牽狗繩會設計成一些可愛的外觀，例如具有天使翅膀或蕾絲花邊的胸背帶，有些則會加入實用的功能，例如狗狗用的小背包，讓狗狗可以自己背負出門時所需的一些小東西等。

若你飼養的是小型犬，你可能還需要準備一個能夠裝進牠的提籠或提袋，以便你帶牠出門或者搭乘交通工具時使用。

寵物提籠。（產品提供：小布屋寵物館）

## 必需品：夾便器、塑膠袋or報紙

多數飼主帶狗狗出門的目的，就是要讓狗狗在外面大、小便，不過讓狗狗的排泄物暴露

在戶外的環境是一件很沒公德心的事情,因此身為一位有道德的主人,在狗狗出門時,就必須準備可以包裹狗狗排泄物的夾便器、塑膠袋或報紙!

一般的營養添加品都會包含各種狗狗需要的營養素。(產品提供:小布屋寵物館)

## 必需品:營養添加品

連專業的醫師都表示應該在飼料之外,為狗狗添加維生素、鈣質及必需的礦物質等,所以這些當然是為了增進狗狗健康而不可或缺的必備添加品。

雖然前面提到狗狗必需在飼料之外添加維生素、鈣質及礦物質,但其實市面上販售的產品幾乎都已經將這三者含蓋進去,因此你其實只要到寵物店購買一瓶,就能夠包含各種必要的營養素了。

## 選備品:消化酵素

消化酵素是做什麼用的?這可能是許多人乍看之下無法了解的地方。尤其對幼犬來說,消化酵素可以促進腸胃的消化能力,並且避免抵抗力較弱幼犬發生腹瀉的狀況,因此如果你所飼養的狗狗常常會有吃下食物後無法完全消化或者吸收不良,還是容易產生拉肚子的狀況,建議你在飼料中添加消化酵素,你將會看到消化的問題明顯地改善。

消化酵素可以促進吸收並且預防腹瀉。(產品提供:小布屋寵物館)

某些消化酵素甚至還能促進狗狗體內分泌生長激素,對於正在發育中的幼犬而言更有好處。然而也常碰到許多飼主看到這類功能時,會以為該產品中添加了人工的賀爾蒙,這其實是個錯誤的觀念;向醫師及廠商詢問的結果,這項功能其實只是促進狗狗體內自行製造及分泌必需的激素,而非直接添加在酵素中,所以當你要購買此類產品時,如果看到類似的說明也不需懷疑,可以安心讓狗狗食用!

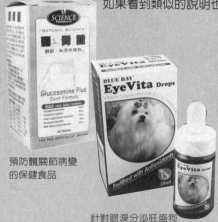

預防髖關節病變的保健食品

針對眼淚分泌旺盛狗狗使用的保健食品。

## 選購品:保健食品

針對不同的犬種,可能會需要不同的保健食品。舉例來說,大型犬容易出現髖關節的病變,因此最好能夠從小食用保健髖關節的食品;而某些小型犬容易出現眼淚分泌旺盛,尤其對於白色狗而言,常會在眼睛下方出現兩道明顯的淚斑,這時就可以讓狗狗服用預防淚斑的食品等。不過這類保健用品最好還是在醫生的指導之下服用,而不要隨意選擇購買讓狗狗食用喔!

## 選購品：各式零食

　　隨著時代的進步，針對狗狗生產的各式零食種類也越來越多，而作為一位愛狗的飼主，大概也都會購買一些零食讓狗狗食用。

　　除了單純作為零食的功能以外，零食其實也是獎勵狗狗最好也最簡單的方法，讓狗狗知道做對了一件事情之後將會得到零食的獎勵，是最有效的教育方式，因此建議你可以隨時準備一些狗狗的零食在身邊，這將會有助於牠接受你對牠的教育喔！

## 必需品：相關藥品

　　就和人一樣，每一隻狗狗可能也都會有一些必備的藥品，例如定期要服用的驅蟲藥、心絲蟲藥、除蚤藥品等等，不過藥品的部分並不是適合我們自己隨意購買及使用的，建議你詢問狗狗的醫生，並聽從醫師所給的建議與指示使用，才是上上之策！

幼犬的抵抗力弱，要小心照料避免生病。（感謝Patience提供照片）

# 03 新生幼犬的照料須知

在幼犬的照料上，有一些基本的原則必須先知道，而且還有一些你可能會覺得疑惑的問題，我們也都將在這裡為你說明。

## 原則上是一日四餐

就和小孩子一樣，幼犬的進食都是採用少量多餐的方式，而基本上必須一天餵足四餐，至於時間的控制上，你可以依照你進食三餐的時間，加上整個睡眠時間的中間點餵一餐即可；而你可能看到這裡會覺得為什麼這麼麻煩？沒錯，小狗的時期就是要這麼花心力照顧，尤其在你每天睡覺後，都會被小狗的叫聲給吵醒，此時就是牠該吃牠一天的第四餐了。

### ★餵食次數慢慢減少

不過你也無須擔心，一天餵四餐的狀況只會持續一小段時間，逐漸地你會發現睡眠不再被小狗吵醒，表示牠已經不再需要這麼多次的進食，然後你就可以慢慢地將每天餵食的次數由四次降為三次，接著再降為一天兩次，而在小狗長到一歲半成為成犬之後，一天餵食的次數就只需要一次即可。

然而現代人都需要上班，許多人最困擾的就是，如果我上班中間無法回家讓小狗吃中餐該怎麼辦？這其實也有變通的方式，你可以將餵食的時間調整成出門上班時餵一次，下班回到家餵一次，睡前一餐，最後睡眠中起來餵一餐即可。

給幼犬一個保暖的墊子，必要時甚至可以為牠蓋被子。

## 隨時注意保暖問題

狗兒在幼犬的時期抵抗力較差，尤其是在注射預防針之後的2周內，身體的免疫系統功能將會降至最低，此時只要稍微不注意，就很容易造成各種疾病的發生。而這其中又以著涼為最常見的狀況，當幼犬著涼之後，除了容易罹患感冒以外，還可能造成腸胃蠕動異常，產生感冒型的腸胃不適，或腸胃蠕動過快造成的拉肚子問題，所以對於保暖的問題，務必千萬注意。

給你的建議是:最好能夠讓小狗在固定的地方睡覺,不要讓小狗在睡覺時可以隨時移動到任何牠想要去的地方,並且要為小狗準備保暖的床墊,必要時甚至可以為幼犬蓋被子以便保暖,讓小狗不會因為睡在地板上隨著地面溫度逐漸降低產生失溫的問題。而且平常也要為幼犬注意保暖的問題,尤其當冬天來臨時更要避免小狗因為天氣變冷而著涼。

## 為何小狗總是在睡覺

剛開始飼養幼犬的飼主可能都會覺得奇怪,怎麼狗兒帶回來之後整天都在睡覺?一天24小時可以睡20個小時呢?

小狗一天大多的時間都在睡覺。

這樣的狀況其實都是正常的,新飼主們真的不用擔心,就如同小孩子一樣,此時牠們的身體正在急速地發育,以便讓全身的構造都生長完成,而這段期間內,對生長最有利的狀態就是睡眠,因此你應該會發現在幼犬的時候,狗兒幾乎整天都在睡覺。不過你也無須擔心,就讓狗寶寶睡個夠即可!

# 04 小狗的餵奶須知

如果你帶回的是幼犬，你可能還需要自行給小狗餵奶，以便填補因為離開母親而缺少的母乳，然而餵小狗喝奶也是有一些學問在的喔！

## 不可餵人喝的牛奶

許多人一想到要餵狗狗喝奶，直覺反應都會直接以人用的奶粉或鮮乳餵食，然而畢竟人類與狗狗的身體構造不同，人類可以吸收的牛奶結構當然也一定和狗狗的不同，如果直接以人用的奶粉沖泡給小狗喝，或者直接餵食人用的鮮乳，都無法讓小狗的腸胃吸收，而且嚴重的甚至可能造成拉肚子的現象，因此提醒幼犬的飼主，千萬別貿然地將人喝的牛奶餵小狗喝喔！

## 挑選犬用代乳

既然人喝的不能直接餵幼犬食用，那到底該怎麼辦呢？其實很簡單，現在有許多廠商都有生產給狗狗食用的代乳奶粉，相信飼主們可以很容易在寵物店或獸醫診所購得，你只要購買這類的產品進行沖泡即可。

而因為製造廠商的不同，代乳的溶解性可能也會有所差異，不過依據經驗來說，成分較好的代乳都比較不容易溶解，而較容易溶解的代乳奶粉在成分上也會比較差，然而所謂的不容易溶解也不是說完全無法溶解，只是需要較長的時間才能夠完全溶解在水中。而在沖泡代乳奶粉時，請記得注意水溫，不要為了能夠快速溶解而使用溫度較高的熱水，然後在水溫還未降低到可以食用的溫度時就直接讓幼犬食用，這樣當然是會燙傷幼犬的！

請餵食犬用代乳。

## 餵奶的輔助器材

幼犬總不能像人一樣使用杯子喝奶，而如果將沖泡好的代乳放在狗碗中，剛出生的幼犬卻可能也還不會自行舔食，此時我們可能就需要一些輔助的餵奶器材了。

你可能會先想到，我們可不可以直接購買嬰兒奶瓶來餵奶呢？其實當然也不是不可，只是除非你飼養的是大型犬的幼犬，否則的話嬰兒用的奶瓶對體型較小的狗兒來說，口徑都太大而無法吸食，所幸也有廠商生產專門給狗狗使用的代乳奶瓶，不但口徑較小適合體型小的幼犬食用，通常也附有小型的奶瓶刷，讓你可以方便清洗，而且這類產品的價格一般來說都不貴，在坊間的寵物店都能夠找得到！

犬用代乳奶瓶。

# PART 4
## 老手狗爸媽的不可不知

如果你曾經養過一隻狗，你可能覺得你已經知道該怎麼養狗、怎麼教狗，但是如果當你家裡在有一隻狗的情況下，又要再來另外一隻狗的時候呢？你真的知道該怎麼養兩隻狗嗎？

兩隻狗在一個屋簷下，也是可以和平相處的。

## 01 讓先來後到的狗兒和平相處

當兩隻狗開始要生活在一起時，要不一開始就相安無事，要不就是衝突不斷，如果是前面的狀況當然你要感到高興，而如果總是怒目相向呢？你總不能放縱牠們天天打架而鬧得家裡雞犬不寧吧？因此，在這個單元中，我們就要來看看如何讓兩隻原本互看不順眼的狗狗，漸漸展開和平相處的生活！

### 初次會面箭拔弩張

養過狗的人都會發現，幾乎所有的狗都是天生的醋罈子，若牠已經習慣了你只寵愛牠，卻突然多了一個傢伙要與牠來分享你的愛，這要教牠怎麼能夠不打翻醋罈呢？而新來的狗原本以為回家之後你只會疼愛牠一個，卻發現家裡原本就有另一個傢伙已經在那，這種期待越大失落越大的感覺你應該不難想像，因此新來後到的兩隻狗在第一次見面的那刻就結下大仇，將來怎麼可能和平相處呢？

狗兒對仇視的對象最直接的反應莫過於向對方大聲狂吠，而當狗兒真的生氣時，除了吠叫之外，你還可以發現牠不但露出尖銳的犬齒，頸部後方、脖子上的背毛也會全部豎起，此時如果你不制止牠這種叫囂的行為，牠接下來的動作就是開始攻擊對方，而且應該都會以流血的結果收場！

狗兒尖銳的牙齒就是最直接的武器。

### 小心盛怒的狗狗

而如果當兩隻狗之間已經結下如此深的仇恨時，我們該怎麼辦呢？首先，給你一個衷心的建議與提醒，請你在這個時候千萬別貿然靠近處於生氣狀態下的狗，無論是新來的還是後來的，請你先離牠們一段距離，然後先大聲斥責牠們。

你是不是覺得奇怪為什麼不能靠近牠們？道理很簡單，請你要先了解當狗兒處於盛怒的情況之下，牠們的下一個動作就是準備要進行「攻擊」了，而狗兒唯一可以用來攻擊的武器就是牠們有力的嘴及尖銳的牙齒，而當牠們全身神經緊繃的時候，任何一點碰觸都可能是觸發牠們展開攻擊的開關，所以請你想像一下，當你太靠近甚至是觸碰到氣憤的狗狗時，牠會有什麼反應？當然是張開牠的嘴並朝那個碰觸到牠的物體狠狠地咬下去，而這樣的結果，必定是你的手掌出現上、下總共四個大洞，再加上鮮血直流！

### 大聲斥責分散注意

既然如此，又為何要大聲斥責牠們呢？主要的原因是要分散牠們的注意力，並且壓抑牠

們一觸即發的攻擊動作，此話怎講？無論對是新來的還是原有的狗而言，你是牠們的主人，只要你已經在狗兒心中建立了權威，或者牠們開始依賴你，基本上牠們都會注意你所發出的命令，無論牠們的情緒處於何種憤怒的狀況下。因此當你斥責牠們之後，牠們會將一部分的注意力分散到你的身上，這樣做一來會延後攻擊的動作，二來牠們會意識到你處於一個接近牠們的位置，因為知道你是主人，當然就會對你有所顧忌，而且不會貿然地攻擊你，此時你再嘗試慢慢地接近牠們，接著牠們會因為有所顧忌，放棄攻擊的動作，而且如果真的展開攻擊的動作，你也才能將打架的雙方拉開。

除非已經到了一觸即發的狀況，而且你確定狗狗斷然不敢咬你，才能試著觸摸生氣中的牠們，或者是一把將牠們抱住，否則為了避免危險，建議你在制止即將展開攻擊的兩隻狗時，盡量不要碰觸到牠們，以免因為狗兒失控的情緒而受傷。

看到這裡，你是不是會想，就算我能夠制止牠們一次，但將來牠們一定還可能再吵架的，怎麼辦呢？依照經驗，除非兩隻狗一開始就能夠和平相處，否則的話，只要有一就有二，今天會吵架、打架，就算制止了，明天還可能再展開第二回合，既然這樣那又何必制止呢？

## 立即制止脫序行為

基本上，狗狗是需要教育的，而且你的制止行為對牠來說，會逐漸形成一種約束力，當牠做一件錯事之後總是會立刻被你責罵或制止，將來牠就會慢慢記得做這件事情是錯的，而且是會受到責罵的，久了牠就不會再去做這件會讓牠被你制止的行為，這其實是一種生物的本能，因此請你一定要嚴格執行，當兩隻狗開始吵架甚至打架時，你一定要立刻處理，之後牠們就會逐漸改善這種衝突的行為，並且慢慢開始習慣對方，並且開始嘗試學會和平相處了！

而除了上述的模式及教育方法之外，建議你在生活中還要特別注意一些小地方：

**一、不可厚此薄彼**：無論是新來還是舊到，只要你飼養了牠們，牠們就應該享受到一樣的對待，不應該有對哪一隻狗比較好或者冷落哪一隻狗的態度出現，所以請你記得，當你要給予任何的好處時，一定兩隻都要得到，而且分量也要一樣。例如當你買了一包零食，一定要讓兩隻狗都享用到，而且得到的分量一定也要相同；當你擁抱其中一隻時，請別忘了稍後也要給另外一隻相同的一個擁抱，如果原有的狗牠能夠擁有一張自己的床，你也一定要給新來的這隻一個專屬的床等等。

**二、不要縱容不守規矩的行為**：狗是一種極度社會化的動物，牠們會相互之間學習其他狗的行為，因此如果有一隻狗做了壞事或錯事，你卻不給牠相對的懲罰或責罵，另一隻狗狗就會有樣學樣，而如果造成這樣的狀況之後，你將會無法改變牠們脫序的行為喔！

## 破解家有二犬的忌諱

**02**

在老一輩的觀念中,都很忌諱在家裡養兩隻狗,因為傳統說法中若有兩隻狗時,就成了「哭」這個字,代表家裡會出喪事;雖然時至今日已經是個科學昌明的時代了,仍有許多人對這個說法多有顧忌,如果你也有這樣的困擾,請別擔心,我們將在這個單元為你介紹一個破解的招式!

關於家中養兩隻狗不好的這個傳統觀念,其實在各大討論版或BBS站上都是一個常被討論的問題,有人認為是無稽之談,但也有人總是耿耿於懷,我認為:如果你不介意,當然想要養幾隻狗都沒人能干涉你,然而畢竟傳統觀念常常是深植人心的,既然這是在我們的社會中所累積下來的觀念,對某些人總會有一些心理上的影響,而且就算你不將這個傳統觀念當一回事,也難保周遭的親人、朋友不介意,許多時候我們必須與其他人共住一個屋簷下,或者與他人為鄰,難道你能夠完全不理會家人心裡的感受嗎?或者你真的能夠對他人的指指點點視若無睹嗎?

### 小技巧突破迷思

在此給你一個誠心的建議,無論你自己是否介意兩隻狗是「哭」的這個觀念,請你也要想想你周遭其他人的觀感,既然傳統觀念認為兩隻狗成了「哭」這個字,那解決的方法還不簡單,我們就讓它不要是「兩」個口不就行了?看到這,聰明的你是不是已經想到了方法呢?

因為你已經養了兩隻狗,無論如何你總不能將其中一隻狗丟棄吧?那我們只要不只有「兩隻狗」不就破解這個觀念嗎?最簡單的方法就是在家裡放一隻狗娃娃,你可以透過任何方式取得,例如去買一隻狗的布娃娃,或者去添購一個狗造型的擺飾,我們常常可以在一些店家門口看到含著油燈的拉布拉多犬造型雕塑,或是狗造型的傘筒等都是不錯的選擇,一來具有實用性,二來也可以當作家中的裝飾增加美感,再者可以讓你輕鬆破解這個傳統的禁忌迷咒,是不是一舉數得呢!

多一個狗造型的娃娃或擺飾都能破解迷思。

# 狗兒間的互動方式正常嗎？

當家裡新來後到的狗兒們相互之間都混熟了之後，狗兒們之間一定會開始有一些互動，你是不是對這些狗與狗之間的互動很疑惑呢？究竟是該制止牠們還是應該放任牠們呢？

### 互動一：互相吠叫甚至打架

這是最常見到的狀況，不過處理的方法與原則已如前述，在此就不再次說明。

### 互動二：搶食

就算你給兩隻狗狗各自獨立的碗，但在餵食的時候，你一定也會發現一隻狗會去搶另一隻狗的食物，這是一種狗的通病，就如同我們說「外國的月亮一定比較圓」是相同的道理，只要是別人碗裡的食物，狗狗都會覺得比自己的香，因此無論自己是否還有足夠的食物，只要看到別人在吃飯，就會想要衝過去搶別人的來吃，而這其實也是一種不應該容許的壞習慣，處裡的方式其實也是一樣，當你看到牠們有這種行為時，一定要記得斥責搶食物的這一隻狗，讓牠知道並且逐漸習慣不可以這麼做。

### 互動三：追逐或咬來咬去

如果你養的兩隻狗已經出現相互追逐，並且會互相輕輕地咬來咬去，那麼就要恭喜你，因為這表示你家的兩隻狗狗已經接受對方，而且開始累積感情了！

你要知道，對狗兒來說，牠在與別的狗進行社交行為時，能用的只有牠的嘴和腳，因此無論牠是處於排斥或是喜歡對方，牠都只能用嘴巴和別的狗咬來咬去，不過差異點在於當狗兒生氣時，牠的背毛會豎起，而這時候如果咬其他狗，也絕對是用盡力氣狠狠地咬；但如果是嬉鬧的咬，當然背毛不會豎起，而且咬的力道也會很輕，而且此時你會發現當狗兒們在互咬時，嘴裡還會發出一些聲音，不過這時的聲音絕不是齜牙咧嘴地大聲狂吠，反倒是小聲而且短促的呢喃，而且雙方的四肢也會互相撥弄或者擁抱。

不過有時候也要慎防擦槍走火，當你發現兩隻狗兒玩得太過認真，而且發出的聲音越來越大，已經不太像是在嬉鬧的時候，就該注意一下，並且要適時將兩隻狗分開，以免真的打起來喔！

### 互動四：相互擁抱

狗狗也會有擁抱的動作，只是通常都是在休息或睡眠的時候而已。

如果你發現你的兩隻狗狗已經可以相擁而眠，那麼你真的要感到開心，因為這兩隻狗已經可以和平共處一起生活了。不過所謂狗狗的擁抱，不一定會是像人類的擁抱，也可能只是兩隻狗身體相對碰觸睡在一起，也可能是某一隻狗抱著另一隻狗，而被抱著的狗也許並沒有相等的動作，反正基本上就是兩隻狗睡覺時身體是有相互碰觸的，而甚至如果你能看到一隻狗願意讓另一隻狗碰觸到牠的腹部，那更表示這隻露出肚子的狗對另外一隻狗已經感到信任，而不再有任何的防備之心了！

大部分的動物中，肚子都是全身最脆弱的部位，因為此處並沒有骨骼覆蓋，因此當一隻狗願意讓你或其他狗碰觸牠的肚子時，表示牠真的相信你或另一隻碰觸牠肚子的狗喔！

### 互動五：成犬與幼犬間的特殊互動

如果你養過幼犬，你會發現當幼犬看到其他已經成犬的大狗時，幼犬會很自然地過去舔大狗的嘴巴，而大狗也幾乎不會對幼犬有任何兇狠的態度。為什麼會這樣呢？想知道原因，必須從狗的社會行為說起。

在野生環境中，當幼犬逐漸要斷奶的時候，母狗在外打獵時，會先將獵物的肉吞進肚子裡，而在母狗回到窩裡的時候，幼犬們會一擁而上並且每一隻都本能地舔母狗的嘴邊，而當母狗受到這樣的刺激之後，就會將先前吞進肚子裡的食物吐出讓小狗食用，而這就是為什麼幼犬都會習慣性去舔舐大狗嘴巴的理由。依照經驗，當大狗與小狗初次見面時，大多都不用擔心會有火爆的衝突畫面出現，而且一般來說，成犬都會本能地保護舔舐牠嘴巴的這些小狗。

而基本上狗與狗之間會發生的互動行為大抵就是這些，希望看完了這個單元的說明之後，對於你同時飼養不只一隻狗的狀況會有所幫助！

# 如何同時牽兩隻狗出門？

**04**

一般飼主帶狗出門都只會帶一隻狗，但如果你接納了第二個新的家庭成員之後，同時帶兩隻狗出門其實不是一件容易的事情，不過這卻是一個你總有一天必須克服的問題，而在這個單元中，我們就來看看該怎麼帶兩隻狗一起出門吧！

　　帶兩隻狗出門的困難在哪？首先，一般市面上販賣的牽繩都是針對單一的狗而設計，因此若你想要帶兩隻狗一起出門，最簡單的方式就是兩隻狗各自配戴一條牽繩，不過這樣的問題在哪呢？請你想想一下，兩隻狗都是各自獨立的個體，當你用兩條牽繩帶兩隻出門的時候，兩隻狗應該會朝向不同的方向前進，無論是一左一右，或是一前一後，分歧的兩個不同方向對你來說都會是一個麻煩！

　　其實碰到這樣的狀況，市面上有賣一種專門讓你可以同時牽引兩隻狗的Y字形鍊，你只要先讓兩隻狗狗各自戴上胸背帶或頸圈，然後將Y字形鍊的兩個扣環掛在胸背帶或頸圈上，接著再將原本要接在胸背帶或頸圈的牽繩掛在Y字型鍊的另一端，就能夠同時拉住兩隻狗。

　　而使用這種Y字形鍊的好處為何呢？主要是它的長度都不會太長，因此當兩隻狗被扣在一起時，無法各自走向不同的方向，兩隻狗會很自然地往同一個方向前進，因此將會讓你比較好控制一起出門的兩隻狗兒，不至於讓你舉步維艱。

　　不過畢竟家裡養超過一隻狗的人並不多，所以這類的Y字形鍊是屬於比較小眾需求的產品，可能不是每一個寵物店都有在販賣，如果你有這樣需要的話，可能會需要多跑幾家詢問才找得到喔！

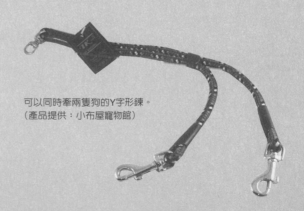

可以同時牽兩隻狗的Y字形鍊。
（產品提供：小布屋寵物館）

# PART5
## 狗狗也需要家庭醫生

政府常在呼籲建立家庭醫生的制度，這其實對狗兒來說也是需要的，但要如何挑選一位值得信賴的好醫生，讓你可以放心地將狗寶貝的健康問題都託付給他呢？而在挑選一位好醫師之後，作為飼主的我們又應該要有哪些必備的醫療常識呢？這些我們都將在此為你說明！

狗也和人一樣會生病，也需要妥善的治療。

# 挑選一位好醫生

想要建立家醫關係，第一步當然是挑選一位好醫生，有一位值得信任的醫生，你當然才能將心愛的寵物託付給他，然而應該要怎麼挑選，才能夠找到一位真的專業、細心又能夠託付你家寶貝的好醫生呢？

## 必備：獸醫師執業證照

現在是一個任何事都講求專業及認證的時代，當然對獸醫師也一樣。獸醫師的優劣攸關許多動物的健康與生命，當然一定要具有一定的專業學養。首先一定要先在大學的獸醫系受過多年專業的教育及訓練，在經過國家的考試驗證，並在考試合格後由政府頒發具備公信力的獸醫證書及開業執照，如此才能夠保障飼主的財產權與動物們的生存權力！

因此當你在尋找一位好的獸醫時，一進入診所，一定要能夠看到獸醫師的證書及相關的執照，而且一定要注意看看證書上的資料、照片與醫師是否相符，以免碰到無照的動物密醫，這樣才不會讓你家寶貝狗狗的生命或健康受到損害喔！

合法的獸醫師
必須具備齊全
的證照。

要成為一位合法執業的獸醫師，至少要有考試院頒發的「獸醫師證書」、地方政府核准的「執業執照」及「開業執照」、各地獸醫師公會所頒發的會員證書，而且除了具備上述證照之外，依據獸醫師法第二十一條的規定，還必須懸掛於明顯處所，而下次當你進入獸醫診所時，請你先看看這位診所內是否懸掛有上述證照，而如果有任何一項缺乏時，你當然還可以要求獸醫師出具以資證明喔！

如果你想多了解「獸醫師法」的內容，可至
「http://www.apaofroc.org.tw/08law/law_g_09.htm」查看法條全文。

## 必備：細心及耐心

狗狗畢竟不是人，牠們無法用言語將牠們的病痛說給你聽，因此專業的醫師必須透過完整又全面的檢查，才能夠找出狗狗的病因而且不會有任何疏漏，因此在你尋找一位可以信賴的獸醫時，細心及耐心當然是必備條件之一。

不過你可能會疑惑，當你剛開始與一位素昧平生的獸醫師接洽時，你又怎麼能夠知道他

究竟是否是一位細心及具備耐心的好醫生呢？

首先當然還是建議你，先從有口碑的醫師開始著手，你可以從各種管道打聽附近有哪些受到好評的獸醫診所或醫師，然後就開始進行聯絡，無論你打算透過電話或親自上門請教皆可；在第一次拜訪時，試著將自己定位成一位新手飼主，並且向醫師詢問一些基本的飼養方法及需注意的事項，看看醫師是否有意願為你解說，而且你可以由此感覺得出這位醫師究竟對狗狗有沒有愛心，如果一位對飼主都會表現出不耐煩態度的醫師，你又怎麼能夠相信當你帶你的寶貝狗狗來看診時，這位醫師會用心照顧你的愛犬呢？

> 但如果在你登門拜訪時，診所內早就有許多等候看診的飼主與寵物時，當然就不是一個適合與醫師交談的好時機，在這樣的情況下，相信任何一位醫師都沒有辦法詳細地為你解答疑惑喔！

我就曾經有過一個經驗，當我的狗兒剛來到家裡時，請求一位在附近開業的醫師為狗狗進行健康檢查，醫師連碰都沒有碰到我的寶貝狗兒子，就告訴我牠很健康而且一切都沒有問題就要我帶狗兒回家，但等到碰到另外一位認真的醫師進行檢查時，就發現我的狗兒肚子裡有蛔蟲寄生；雖然剛帶回家的幼犬肚子裡多半都會有寄生蟲，但如果當時聽信原來那位醫師的指示，可能將來因此造成嚴重的後果都不自知呢！因此建議你一定要多問、多看、多比較，才能找到一位值得信賴、並且能夠在未來幫你妥善照顧狗兒的優良動物醫師喔！

## 必備：具備引導狗兒的能力

什麼叫作「引導」？其實就是行話所說的「控狗」，懂得如何「控狗」才能夠在狗狗不安惶恐的時候依然能夠接受各種必須的治療。

狗和人一樣，每一隻狗都可能會有不同的個性，有的狗個性就是比較沉著和穩定，當在進行美容或醫療行為時，就比較不會害怕或掙扎，這樣當然對於美容師或獸醫師來說，就會比較容易完成整個程序。然而當然也有個性比較緊張的狗，可能在看到不熟悉的人、事、物時，就開始出現焦躁不安的症狀，而且就可能會不斷地走動，甚至想要逃離所在的地方，而在獸醫師要為牠進行診療行為時（例如注射、塞藥或量肛溫等），甚至可能出現掙扎或咬人的反應。

當發生了上述的情況時，有經驗的醫師會知道該如何導引狗狗，讓牠成為有利於診療行為的姿勢或位置，而且對於那些真的無法聽人使喚的狗兒，有經驗的獸醫師也知道該如何制服牠，一方面完成必須的醫療行為，二方面也要避免狗兒的緊張反應傷害到狗兒自己或者一旁的人們。

## 必備：完善的診斷工具及醫療器材

　　工欲善其事，必先利其器，好的醫生當然也必須要有完善的工具及醫療器材，否則徒手怎麼進行各種檢測呢？

診療檯。（照片提供：丘原動物醫院）

　　在一般的獸醫診所中，一定有診療檯，冰箱、顯微鏡、手術刀、聽診器、體溫計、體重機等，另外如果在資金充足的獸醫診所中，還可能會有X光機、超音波掃描儀、電解質乾式分析儀、血球計數儀、血液透析儀（洗腎機）等族繁不及備載的各種專業器材。

　　有一點要特別提出說明，雖然前面提到獸醫師會需要許多不同的醫療器材，但請不要誤解為沒有這些醫療器材的獸醫就「不好」，因為這些機器動輒數百上千萬，並不是每一間寵物醫院都負擔得起；讀者應該要注意的是，如果哪天有需要時，你的獸醫師是否有其他配合的醫院或診所，舉例來說，X光機就是最常見的案例，基本上大多數的動物醫院都沒有，但如果要檢查時，只要你的獸醫師有管道將狗狗轉送至其他具有X光機的醫療單位即可。

寵物用的體重機。（照片提供：丘原動物醫院）

獨立且整齊的藥劑室。（照片提供：丘原動物醫院）

　　另外，建議你在挑選醫生的時候，看看診所內是否有獨立的藥劑室，以及乾淨清潔的浴缸，如果獸醫師沒有將藥品分門別類地放置妥當，一來藥品的衛生可能堪慮，二來在調配的時候也可能出現配錯藥的狀況，至於浴缸則是因為許多狀況會需要為狗狗進行清洗，衛生的洗澡環境當然也是有必要的！

## 必備：乾淨的環境及良好的衛生習慣

　　就如同我們人去的醫院或診所，獸醫診所當然也必須維持乾淨的環境，不潔的環境難保不會滋生病原，如果診所內的環境不保持乾淨，去看診時不但沒將原本的疾病治好，反倒感染其他疾病回家，豈不是本末倒置了嗎？

檢查血液的儀器。（照片提供：丘原動物醫院）

　　而且醫師在看診時的衛生習慣也是相當重要的，因為獸醫診所每天來來往往的寵物都非常多，每一隻寵物是為什麼來到診所看診你也無法掌握，假如醫生沒有良好的衛生習慣，後來的寵物就有可能傳染到前一隻寵物所帶來的疾病，身為飼主的你願意讓你家狗狗不明不白地就感染到來自其他動物帶來的疾病嗎？

　　因此，在挑選動物醫院的時候，你可以看看為你家寵物看診的醫生是否注重衛生，是否會在看診後立刻將各種器材消毒，各種看診所需的工具是否有保持乾淨並且放置整齊，一

次性的醫療器材是否在使用後丟棄，感染性的拋棄物是否有分類？放置這類拋棄物的容器是否有標示清楚等？這些都是挑選好醫生的重要原則喔！

網路上也可以很容易問到各項收費的標準。

### 必備：收費價格是否合理？

其實國內的寵物醫療費用有著很大的差異，另外再加上獸醫師的名氣高低也和收費有關係，因此就算是相同的診療行為，在不同獸醫診所都會有不同的收費標準。

而既然如此，我們該如何判定獸醫師的收費是否合理呢？建議你可以多向認識的寵物飼主、寵物店詢問，因為狗狗會遇上的醫療行為大多是相同的，因此只要是有經驗的人都會知道基本的行情，另外，在網路上也可以打探到各種醫療行為所需的花費，例如BBS站、先前提到的各大寵物論壇網站或Yahoo!奇摩知識+等，都是比較熱門而且可靠的消息來源。

### 參考項目：態度是否友善及謙虛

許多資歷較久，或者名氣較大的獸醫師在為你家的狗兒看診時，態度會比較傲慢或是自大，這類型的醫師通常比較不會耐心聽完你對狗兒病情的敘述，當你針對狗兒的病情詢問更多比較深入的問題時，醫師也會比較沒有耐心為你解說，這對一位飼主來說，當然不容易得到較正確的觀念或知識，而且當醫師有上述態度時，普遍上來說也比較不會細心地照顧你的狗兒，甚至會造成誤診的狀況發生。

不過因為每個人都有自己獨特的個性，我們也不能武斷地說只要態度不夠友善、不夠親切的醫師就是不好的，有些醫師因為對自己專業技術的自信，或者是行醫多年所累積的經驗，在和飼主的言談態度上就會顯得比較高傲，但看診時仍然是相當細心而且愛護小動物的，所以我們只能將醫師態度列為「參考項目」。

### 參考項目：有良好口碑

在此我們將「口碑」也列為「參考項目」的原因，是因為飼主對醫師的評價時常是帶著情緒的，尤其是在心疼狗狗生病、疼痛的前提之下，許多時候雖然醫生是秉持著專業技術看診，但在飼主的眼中看到的卻可能只是狗狗的疼痛、哀怨的眼神、痛苦的掙扎、生死分離的痛苦等負面情緒，再加上時常會有一些一知半解的朋友在旁無的放矢，因此再怎麼好的醫生，也同時會有人褒有人貶。

在參考他人對某位醫師的口碑時，要先奉勸你，不要因為有一個好的評價就認為這是一

位好醫師，也不要因為有一個負面的評價就全盤否定一位醫師，比較客觀的方式，應該是多看看不同人對同一位醫師的評價，而且還要追究對這位醫師優、劣評價的理由為何？是醫師真的有什麼缺點嗎？還是因為飼主無法接受回天乏術的事實而衍生出的情緒反應呢？

而除了口耳相傳之外，比較容易看到別人推薦獸醫師的管道就是網路，無論是BBS站、寵物論壇，都常有人在討論某地區的某位醫師好或不好，而且這些評價也都常被整理到「精華區」，或在論壇討論區中被「置頂」，這些都是還不錯的訊息來源喔！

在許多網站或BBS站都能找到對動物醫師的評價。

另外，最近興起的「Yahoo!奇摩知識+」服務也是一個不錯的消息來源，你只要進入「http://tw.knowledge.yahoo.com/」網址，然後輸入「好獸醫」、「推薦獸醫」等關鍵字，就可以找到許多人曾經發表過對於某些獸醫師的評價，而如果找不到你所在地附近的獸醫師或動物醫院，你還可以按下〔我要發問〕按鈕直接詢問喔！

「Yahoo!奇摩知識+」服務也可以問到獸醫師的評價喔！

**02**

# 帶狗兒做健康檢查

打從你帶回一隻狗兒開始，你就應該帶牠找獸醫師做完整的健康檢查，以免狗兒自帶的疾病、寄生蟲危害牠的身體健康。而且在往後的日子裡，你也應該定期帶牠至獸醫診所進行必要的身體檢查，以避免任何可能的疾病。

## 基本的健康檢查內容：

　　無論你是購買幼犬，或者是認養流浪狗，你都無法掌握牠們身上是否會有任何的寄生蟲、傳染病，甚至是遺傳自上一代的先天性疾病，因此在你帶回狗兒之後，依照經驗而言，最重要的第一件事情就是要請獸醫為牠進行基本的健康檢查，至於檢查的項目，則大致列於下，希望能給你做一個參考：

**一、體外寄生蟲：**由肉眼可以檢查狗狗身上是否有跳蚤、壁蝨、疥蟲。

**二、黴菌：**雖然黴菌並不是肉眼可以看得到，但可以透過皮膚上是否有皮屑，或者透過伍氏燈確定是否感染黴菌。

> 伍氏燈看起來就像一支放大鏡，前方有一凸透鏡，其下有一把手，凸透鏡有放大效果方便觀察。凸透鏡和把手之間有藍紫色的燈管，這種燈管能發出波長在320～400nm的長波紫外光，而黴菌會產生螢光物質，經過伍氏燈照射後，會出現螢光反應。

**三、眼睛：**首先利用手電筒檢查瞳孔是否會隨光線縮、放，再檢查眼球表面、水晶體、視網膜的變化，可辨別是否有青光眼、白內障、眼睛是否感染、角膜是否受傷等情形。而一般由外面帶回的流浪貓、狗都很容易在剛帶回來的時候有眼角膜發炎的狀況，如果不謹慎處理可能導致失明，因此不可不注意。

**四、耳朵：**檢查耳道內是否有寄生蟲、黴菌、耳疥蟲、細菌感染或是耳道內發炎的症狀。

**五、口腔及牙齒：**檢查牙齒是否有缺損或者牙垢，缺損時會妨礙咀嚼功能，進而影響狗狗吸收食物的養分，而如果牙齒已經有牙垢，必要時還必須請醫師進行麻醉及洗牙。另外還要觀察口腔內是否有任何異狀，若有扁桃腺發炎的症狀，則應該已經有感冒症狀，並且應注意是否發燒。

**六、骨骼：**因為多數獸醫診所都不具備有X光機，而且縱使具備X光機，進行一次放射性

檢查也是所費不貲，因此對於髖關節病變等的骨骼檢查，多半都是醫生憑著豐富的經驗進行觸診，徒手觸摸狗狗的全身骨骼檢查是否有異常現象。

寵物醫院使用的X光機。

**七、聽診：**心臟跳動、胃腸道蠕動及胸腔呼吸是否有異音等問題，只要透過聽診器聽診即可檢查出來。

透過聽診器可以聽到狗兒身體內的異音。

**八、糞便抹片檢查：**前面我們提過由外面帶回的狗兒，多半都會有體內的寄生蟲，而這些寄生蟲只要進行糞便採樣，然後使用顯微鏡觀察就能夠確定。

**九、血液檢查：**透過血液可以檢測出包含肝、腎、胰、膽、心、血糖、紅血球、白血球各項指數，檢驗造血功能是否正常、是否有貧血或脫水的問題，而且將來可能會有血型檢測的項目，以便在將來如果狗兒需要進行輸血時的依據。

未來在血液檢查中還可以加入驗血型的項目。（圖擷取自仁愛動物醫院網站，網址為：「http://www.vethosp.net/chu_vet/blood.html」）

通常在做血液檢查時，醫師會依動物的大小及身體狀況，分別由頸部、前腳或後腳的血管部位抽取血液，不過為了讓採血程序順利進行，飼主應該輕輕叫喚狗兒的名字並輕撫愛犬的身體，以減少愛犬緊張程度。

**十、超音波檢查：**不具放射傷害的透視檢查，依照不同的機器還可分為腹腔或心臟超音波檢查。

**十一、其他特定傳染病的檢查：**如心絲蟲症、弓蟲症、披衣菌症、萊姆病等。另外，如果有需要，還可以進行心電圖等，不過對於是否進行這些特定的檢查項目，還必須交由專業的動物醫師判定。

而在你將剛帶回的狗兒做了上述檢查之後，若醫師研判有任何的疾病，醫師當然會立即為你的狗兒進行治療，不過許多疾病都是需要一段時間的服用或噴灑藥劑治療，因此在你帶狗狗回家之後，也請你務必依照醫師的指示協助完成整個療程；然如果檢查的結果沒有問題，在高興之餘，也請記住順道進行各項必須的預防注射，並且之後還要做定期的檢查，以維持狗狗的身體健康。

上述的檢查除了在剛帶回狗狗的時候進行之外，我們也建議你至少每隔一年重新進行一次，尤其是對年紀已經超過7歲的狗兒更是不可忽略喔！

## 更為詳細的健康檢查內容

　　如果你覺得基本的健康檢查項目不夠，或者是想要更深入地了解狗狗的身體狀況，可以進行更全面且徹底的醫學檢查，不過因為這些檢查所需的費用極高，對飼主其實是相當大的負擔，至於是否要進行，就看身為飼主的你如何決定了，不過我們仍然把大致上的檢查內容列出如下：

### 血液檢查

| 英文檢驗名稱 | 中文檢驗名稱 |
|---|---|
| WBC | 白血球 |
| RBC | 紅血球 |
| HGB | 血紅素 |
| HCT | 血容比 |
| MCV | 平均血球容積 |
| MCH | 平均血紅素含量 |
| MCHC | 平均血紅素濃度 |
| PLT | 血小板 |
| GLU | 血糖 |
| CPK | 肌酸磷酸活酵素 |
| AMYLASE | 澱粉酵素 |
| LIPASE | 脂肪水解酵素 |
| fT3 | 游離甲狀腺素T3 |
| tT3 | 總甲狀腺素T3 |
| fT4 | 游離甲狀腺素T4 |
| tT4 | 總甲狀腺素T4 |
| ACTH STIMILATION TEST | 腎上腺功能ACTH檢驗 |

### 肝功能檢查

| 英文檢驗名稱 | 中文檢驗名稱 |
|---|---|
| TP | 總蛋白 |
| ALB | 白蛋白 |
| GLO | 球蛋白 |
| A/G | 白蛋白與球蛋白比 |
| TB | 總膽紅素 |
| ALKP | 鹼性磷酸酵素 |
| AST | 麩氨酸草醋酸轉氨酵素 |
| ALT | 麩氨酸丙酸轉氨酵素 |
| GGT | 加瑪麩胺醯轉移酶 |
| CHOL | 膽固醇 |
| TG | 三酸甘油脂 |
| LDH | 乳酸脫氫酵素 |
| NH3 | 血氨值 |

### 副甲狀腺檢查

| 英文檢驗名稱 | 中文檢驗名稱 |
|---|---|
| Ca | 鈣 |
| P | 磷 |

### 電解值測試

| 英文檢驗名稱 | 中文檢驗名稱 |
|---|---|
| Na | 鈉離子 |
| K | 鉀離子 |
| Cl | 氯離子 |

### 腎功能檢查

| 英文檢驗名稱 | 中文檢驗名稱 |
|---|---|
| BUN | 尿素氮 |
| CREA | 肌酸酐 |

## 其他檢查

| 英文檢驗名稱 | 中文檢驗名稱 |
| --- | --- |
| 12 ITEMS PHYSICAL EXAM | 十二項物理學檢查 |
| BLOOD SMEAR | 血液抹片檢查 |
| URINE EXAM | 尿液十一項檢查 |
| CANINE HW/EC/LYMES KIT | 犬心絲蟲/犬愛利希體/犬萊姆病三合一檢驗 |
| CHEST X-RAY | 胸腔X光(兩片) |
| SONA | 超音波全腹腔掃瞄 |
| ECG | 心電圖檢查 |
| cTnI(Cardiac Markers) | 心肌梗塞標記（可預知鬱血性心衰竭、休克、或是死亡） |
| PT/INR | 凝血機能 |
| PCR | 用DNA/RNA比對方式檢查是否有犬瘟熱、萊姆病、焦蟲、愛利希體、血巴東蟲、傳染性腹膜炎、犬愛滋等等 |

　　雖然以上的檢查內容較為深入，而且所需費用較高，但是如果你的狗兒年紀已經超過7歲，建議你除了每年做基本檢查外，最好也能夠做此處所列的深入「血液檢查」內容，而如果是年紀已經超過10歲，則最好是每半年就做一次，另外還要特別注意老犬的心臟部分，若醫生已經研判出心臟有問題，最好還要追加心電圖或心臟超音波透視圖檢測。

# 03 飼主一定要了解的預防接種

在前面我們提過了，狗狗需要進行注射的共有綜合預防針、萊姆病及狂犬病，不過這些預防針的內容為何？對於一般人來說還真的不是很容易弄清楚，不過身為飼主的你，總不能連你的狗兒究竟接種了哪些疾病的預防針都不知道吧？

請記得向獸醫師索取寵物保健預防證明手冊。

## 請記得索取保健預防證明手冊

無論你的狗兒是剛購買的幼犬，還是從外面認養的成犬，在你的狗狗第一次接受預防注射時，獸醫師都會先給你一本寵物保健預防證明手冊，請你在拿到這本手冊時，先將你家狗兒的資料確實填妥。

取得證明手冊請先將狗兒的各項資料填妥。

## 幼犬疫苗：

若以比例而言，大部分的飼主應該都是在幼犬時開始飼養，而在這樣的狀況下，就必須從幼犬疫苗開始進行接種。

依照醫師的建議，幼犬疫苗是在狗兒滿一個半月才可以開始施打，幼犬疫苗的內容包含犬瘟熱、傳染性肝炎、傳染性支氣管炎、小病毒出血性腸炎、副流行性感冒、冠狀病毒腸炎等。

而在你帶狗兒去進行第一次幼犬疫苗的接種時，獸醫師會在保健手冊前面貼上疫苗的相關資料，並且蓋上醫師的章以示負責，而如果你的獸醫忘了做這件事情，也請你自行帶著保健手冊請醫師完成喔！

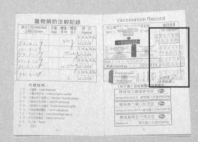

第一劑幼犬疫苗接種後請記得由醫師進行註記。

## 綜合預防針：

所謂的綜合預防針，就是施打一次就包含多種疾病的疫苗，不過因為種類的多寡，又區分為三合一、六合一、七合一及最完整的八合一疫苗，而這幾種綜合預防針的內容如下表所示：

## 綜合預防針內容

| | 三合一疫苗 | 六合一疫苗 | 七合一疫苗 | 八合一疫苗 |
|---|---|---|---|---|
| 犬瘟熱 | ● | ● | ● | ● |
| 傳染性肝炎 | ● | ● | ● | ● |
| 犬鉤端螺旋體症 | ● | ● | ● | ● |
| 傳染性支氣管炎 | ○ | ● | ● | ● |
| 出血性黃疸 | ○ | ● | ● | ● |
| 犬小病毒腸炎 | ○ | ● | ● | ● |
| 副流行性感冒 | ○ | ○ | ● | ● |
| 犬冠狀病毒腸炎 | ○ | ○ | ○ | ● |

●包含　○不包含

　　而為了完整防範各種可能的疾病入侵，建議你直接為狗兒選擇施打八合一疫苗，至於上述的八種疾病的內容，則分述如下：

### 一、犬瘟熱：

　　犬瘟熱又稱為「犬痲疹」，是一種由病毒感染所導致的疾病，這種病毒可以感染任何年齡的任何犬科動物（包含野生的狼、狐狸等都屬之），但最常發生於6~12周齡但未接受疫苗的幼犬，病毒透過分泌物進行飛沫或接觸傳染。

　　感染犬瘟熱的狗兒會出現厭食、沉鬱、發燒、咳嗽、流鼻水、打噴嚏、流眼淚、畏光、硬蹄、嘔吐、下痢、血便等明顯症狀，而且眼、鼻分泌物會由透明水狀逐漸轉變為黃色黏狀，而當狗兒已經出現腳步不穩、呼吸出現很大聲響及抽搐等症狀時，就表示已經進入末期，此時幾乎已經可說是回天乏術了。

　　罹患犬瘟熱的狗兒，大概只有兩成的存活率，而且縱使能夠熬得過病毒的摧殘，也可能會有如歪頭、不自主的抖動及行動失調等的嚴重後遺症，可說是相當危險的狗兒殺手！

### 二、傳染性犬肝炎

　　亦稱為「藍眼症」，感染源也是一種病毒，而這種病毒可感染任何年齡及品種的狗兒，對環境抵抗力又極強，又可藉由外寄生蟲傳播。當狗兒接觸到已患病狗兒的分泌物時，就會感染此病毒而發病。

　　發病的症狀有厭食、沉鬱、發燒、嘔吐、下痢、腹痛、黃疸、出血斑、結膜炎、畏光、眼分泌物增多等，感染後7~10天會因眼角膜水腫使眼睛變藍，因而也稱之為「藍眼症」。

　　傳染性犬肝炎也是一種極為嚴重的犬傳染病，嚴重時在發病24小時內就會死亡。

### 三、犬鉤端螺旋體症：

由鉤端螺旋體引起，是一種人畜共通的病毒，常見的有黃疸型及出血型兩種不同類型，當患病的狗兒將尿液排泄出體外後，尿液中的菌體如果被其他人或狗接觸到，就會經由口或皮膚黏膜侵入體內。

感染犬鉤端螺旋體症之後，會有厭食、沉鬱、發燒、嘔吐、肌肉疼痛、脫水等症狀，而且還可能會合併發急性腎衰竭導致無尿或寡尿，或者急性肝衰竭而導致黃疸及黏膜出血死亡。因為犬鉤端螺旋體症是一種人畜共通的傳染病，因此危險性不容小看，而且復原之後，體內仍會潛伏病菌長達數月至數年之久。

### 四、傳染性支氣管炎：

目前已知的可能導致傳染性支氣管炎的病原，就已經有超過6種以上的細菌或病毒，而且這些不同的病原間還可能交叉感染。

導致傳染性支氣管炎的病毒或細菌通常存於患犬的分泌物中，排出體外之後再藉由空氣散播給其他犬隻。感染傳染性支氣管炎的症狀會有突發性咳嗽、乾咳、輕微水樣的眼、鼻分泌物，嚴重者還可發展成細菌性肺炎，另外也會出現厭食、沉鬱、發燒等症狀。

相對之下，傳染性支氣管炎因為致死率不高，因此算不上是危險的傳染病，不過因為常會與副流行性感冒合併感染，治療上也是相當棘手，所以也是不可不注意的疾病。

### 五、出血性黃疸：

出血性黃疸是由細菌感染的一種疾病，傳染的途徑與犬鉤端螺旋體症相同，都是透過口、皮膚侵入狗兒體內，而罹患出血性黃疸的狗兒會出現全身性黃疸，或者有點狀出血。

出血性黃疸為人畜共通的傳染病，因此當然也是不可忽視的一種傳染病，另外，出血性黃疸還會造成肝臟受損，所以危險的等級也相對上比較高。

### 六、犬出血性腸炎：

這是一種病毒性的傳染病，病毒透過狗兒的口傳播，感染初期會出現感冒的症狀，並且會有惡臭下痢、血便及持續嘔吐等症狀。犬出血性腸炎的死亡率極高，危險性不可忽視。

### 七、副流行性感冒：

為一病毒性的傳染病，病毒透過空氣傳播，感染的狗兒會有間接性咳嗽、鼻腔分泌物增加等症狀。而副流行性感冒的麻煩之處在於容易與其他病毒或細菌合併感染，造成治療上的困難。

### 八、犬冠狀病毒腸炎：

為一病毒疾病，透過口進行感染，感染的狗兒會出現嘔吐、下痢等症狀，而因為容易與出血性腸炎合併感染並惡化，因此處理上也是相當麻煩。

而無論你選擇讓狗狗接種三合一、六合一、七合一或者是最完整的八合一疫苗，在完成注射後，醫師也會在你狗兒的保健手冊上完成註記，並且寫下明年度狗兒應該回診接種的時間。

完成八合一注射時醫師也會為你在保健手冊上完成註記。（下方為萊姆病的接種註記）

## 萊姆病

萊姆病的病原為一種名為伯氏疏螺旋體的螺旋狀細菌所導致，這種細菌會經由壁蝨傳染叮咬狗兒或人類而傳染，當一隻壁蝨成為此菌帶原者之後再叮咬人或狗，就會因此感染萊姆病。貓狗傳染萊姆病時會引起多發性關節炎，造成急性跛行、體溫升高、食欲降低、淋巴結腫大等症狀（症狀需一個月後才會出現）。

萊姆病為人畜共同的疾病，不過在人與人之間卻不會進行傳播。人受感染後在被叮咬處會有大範圍的環狀紅腫，其他如發燒、頭痛、疲勞、頭部僵硬、肌肉關節疼痛，會持續數周。若沒治療，也可能再導致關節損害，以及心臟、神經系統的併發症，而且關節腫大、疼痛的症狀還可能會持續數年之久。

## 狂犬病

狂犬病的傳染原是棒狀病毒，當被其他已經感染狂犬病的動物咬傷後經由其唾液感染病毒，3個月以上之狗兒無分幼犬或成犬都能夠與綜合預防針一起施打狂犬病疫苗。

通常狂犬病的染病症狀會區分為以下三個時期：
**前驅期：**行為改變、發燒、角膜及眼瞼反射變慢。
**狂怒期：**不安、吼叫、攻擊行為、異食癖、走路不穩、喪失方向感並且出現癲癇現象等。
**麻痺期：**因咽喉麻痺而有呼吸困難、流唾液、出現吞嚥困難等症狀，接著在出現沉默、憂鬱、昏迷等反應，最後死於呼吸麻痺。

狂犬病從發病至死亡的時間極短，發病後一周內就會死亡，而且這是一種人畜共同之傳染病，任何溫血的動物都可能遭受狂犬病的病毒感染。

# 常見的狗兒疾病

除了前面提到可以注射預防針預防的疾病以外，狗狗還有許多常見的疾病。

## 體外寄生蟲：

### 一、壁蝨：

　　寄生在狗的身上吸血，而且牠們也是很多病原的媒介，例如原蟲、細菌、病毒及立克次體等。壁蝨可存在於寄主的全身皮膚上及其所在的周遭環境中，如果環境條件合適，一隻壁蝨孵化後，大約只要2~3個月的時間，就能夠再生出2,000到4,000個卵，繁殖速度可說是相當驚人而且恐怖！狗兒被壁蝨叮咬時並不會感到疼痛，然而其分泌物卻會造成局部搔癢，而當狗兒抓癢之後皮膚患部就會容易出現傷口，少數特例還會因為這個分泌物的毒性而癱瘓。

　　要查看狗狗身上是否有壁蝨，只要將狗狗的毛翻起，壁蝨用肉眼就能看到，特徵為移動速度很慢，或者直接吸附住皮膚不動，身體呈現橢圓形。而如果毛色或皮膚是黑色的狗種，或者是毛較長，以目視方法並不容易辨別是否有壁蝨，此時建議可至寵物店購買除蚤梳，除蚤梳的價格不貴，輕輕梳理就能將身上的壁蝨拉起，如果狗兒身上已經寄生有壁蝨，梳理過後就能夠在梳子上看得到。

### ★可能帶來的疾病：

1、萊姆病：關於萊姆病的介紹，已經在前一個單元說明，因此在此就不再贅述。

2、犬艾利希病：狗會自然感染，但人類的話則是由帶原的壁蝨叮咬而引起。患病之後會出現發燒、腦炎引起之頭痛、肌肉疼痛，和因動物種類不同而異的疹子。

3、焦蟲症：焦蟲寄生在紅血球內，並且造成紅血球的大量被破壞，而造成溶血性貧血現象，接著則會引起黃疸、血紅素尿、脾臟腫大等症狀，貧血狀況嚴重時還常導致狗兒猝死，焦蟲症在感染初期治療的效果極佳，但問題是很容易再犯。

4、肝簇蟲症：主要寄生在狗狗白血球中，會出現發燒、骨質增生、血樣下痢、慢性肌肉發炎等。

### ★如何杜絕壁蝨？

1、請先著手套，再以除蚤梳梳理狗狗的毛，而在梳理的時候請盡量將梳子貼平狗狗的皮膚，以便可以將吸附在皮膚上的壁蝨拉下。在完成清除的動作之後，如果狗狗的皮膚

上有比較明顯的傷口，請記得進行基本的消毒並敷上保護皮膚的藥劑，如果有任何的問題請立刻將狗狗帶往獸醫診所就診，而自己也要在清理完成後立即洗手。

2、目前市面上已經有相當多可以防治壁蝨的產品，如果有需要，請先請教醫師並聽從醫師的指示使用。另外，在獸醫診所及部分寵物店中都有販售一種內含有機磷的藥浴粉，這類藥品的效果也相當良好，不過因為許多狗兒在洗澡的時候會很習慣地一直舔水，因此在使用這類產品的時候，會很容易導致中毒的危險，因此在效果與安全間要如何取捨就得由身為飼主的你作決定了，而就算你的狗兒沒有這種習慣，倘若在使用藥浴粉後出現流口水、口吐白沫、抽慉、身體行動失調等狀況的話，還是要趕緊送醫急救喔。

> 民間流傳著許多的治療偏方，例如用柴油、硫磺等，其實對於除壁蝨並沒有什麼效果，反而容易造成對狗兒的傷害。

3、吸塵器是一種對於藏匿在家中環境的壁蝨或壁蝨卵很有用的清除工具，平時可以使用吸塵器清潔家中的角落、隙縫，如此無論是卵、幼蟲或成蟲都能夠有效地清除。

4、如果身上已經找到壁蝨，則狗狗的床褥、墊子都要先進行清洗，然後還要在太陽下進行曝曬！

5、如果狗狗會到公共場所，建議定期噴灑除蟲藥劑，或者佩掛防蟲頸圈，盡量避免壁蝨被帶回家。

## 二、跳蚤：

　　跳蚤會寄生在任何的溫血動物身上，而且依靠吸食寄主的血液維生。跳蚤雖然是一種沒有翅膀的昆蟲，但是卻有一雙又強又有力的腿。跳蚤會寄生於狗兒的全身皮膚上以及其所在的周遭環境中。

　　一隻跳蚤的生命周期大約為2~3個月，當狗兒身上被跳蚤寄生之後，會出現頻繁的抓癢動作，搔抓的位置包括耳朵周圍、背部、尾巴等處，而被跳蚤咬過的皮膚會容易出現膿包或傷口，時間一長還容易有脫毛及黑色素沉澱等症狀。

　　要判定狗兒是否遭到跳蚤的肆虐，請先檢查皮膚上是否有細砂狀的跳蚤排泄物，而在翻開狗毛之後，察看是否有快速移動的黑色小蟲，或者用除蚤梳梳理長毛狗兒的全身，如果發現身上有跳蚤的話，來回梳理數次之後應該就可以在除蚤梳上看到跳蚤的成蟲了。

## ★跳蚤可能帶來的疾病：

1、條蟲：條蟲主要的感染部位是在狗兒的小腸部分，而傳播的方式就是利用跳蚤在狗群

間相互傳染,而如果感染了條蟲的話,狗狗會常常對著物體磨蹭肛門,而在糞便中及肛門周圍常會發現小白點狀節片。

2、對人及狗造成搔癢及過敏反應:雖然過敏及搔癢不能算是一種疾病,不過卻是被跳蚤叮咬之後最明顯會出現的反應,無論哪一種跳蚤,都會叮咬狗與人,而除了被咬部位一定會出現搔癢症狀之外,部分的人及狗還會因為跳蚤的叮咬而產生過敏反應。除此之外,跳蚤的分泌物也可能會造成過敏現象。

★如何驅除跳蚤?

1、目前最有效驅除狗兒身上跳蚤的方式,還是前面提過的除蚤噴劑或者藥浴粉等藥品,不過除蚤藥品通常都具有較高的毒性,因此一定要依照醫師指示並詳讀產品說明書,而且某些產品還會有特定的禁用對象,例如對剛出生的幼犬,或者是針對特殊品種的狗兒不可使用等限制,因此在使用上務必特別注意安全。

2、跳蚤會寄生、產卵於狗兒身上及其四周的生活環境,除了上述使用藥劑撲殺的方法之外,也一樣可以使用吸塵器清除環境中的蟲及卵,但事實上跳蚤是一種無法永久根除的自來寄生蟲,所以也不可能有任何藥劑使用後就能夠保證永久杜絕跳蚤,因此對於跳蚤這種煩人的寄生蟲,我們只能不斷地撲殺並且降低其寄生的意願或繁殖的能力,因此建議要養狗的你,在狗狗開始與你生活的那一刻起,除了要定期清掃及撲殺之外,也可以購買一些能夠驅除跳蚤或者降低其繁殖能力的噴劑,這樣將有助於杜絕跳蚤的騷擾。

3、至於狗狗睡覺使用的床褥或墊子,也要定期清洗並且以陽光進行曝曬。

4、若狗狗會涉足公共場所,則一定要使用除蚤藥劑或者佩戴除蚤項圈,減少狗狗從外面帶回跳蚤的機會。


三、疥癬蟲:

疥癬蟲是一種具有高度傳染性且又無季節分別的皮膚寄生蟲,當疥癬蟲開始侵害狗狗之後,會直接鑽入皮膚表皮造成強烈的搔癢感,讓狗狗開始不停地搔癢,而且很多狗狗會對疥癬蟲分泌產生嚴重的過敏現象。

疥癬蟲要靠接觸才能傳染,但因為狗兒是一種群居性的動物,因此流浪犬或戶外活動的狗,常常是媒介的來源。

疥癬蟲由孵化到成蟲大約需要2個月的時間,而且感染疥癬蟲的狗兒會因為搔癢難耐而出現不斷抓癢的動作,因而導致脫毛、紅腫,耳朵則會因為因為搔抓導致耳朵肥厚,並且

在耳朵上出現許多皮屑，全身則會因為不斷地搔抓而有傷口及結痂，長期下來則會有淋巴結腫大的症狀。

## ★疥癬蟲也會傳染人類

除了對狗兒造成影響之外，疥癬蟲也會對人類造成困擾，如果長期與罹患疥癬蟲的狗接觸，疥癬蟲也會傳染到人的身上，而且最常見的就是在手部出現奇癢無比以及因搔抓而起的水泡，除此之外，在胸部、腹部也都會出現癢的現象。不過只要清除了狗兒身上的疥癬蟲之後，人身上的不適也都會一起消失，但如果出現嚴重過敏的症狀，還是要請教皮膚科醫師進行治療。

## ★如何清除疥癬蟲？

當你在狗兒身上發現有疥癬蟲之後，建議立刻帶去獸醫診所，一般獸醫師都會先施打藥劑，然後再輔以口服藥及外用洗劑及除蟲噴劑，在這幾種藥劑交互配合之下，疥癬蟲的問題應該很快就能夠解決。另外，如果家中還飼養狗兒，縱使身上並沒有出現搔癢的症狀或者抓破的傷口，也一定要一起帶去請獸醫師治療，因為只要一經接觸，就會傳染疥癬蟲，只是初期還屬於潛伏期，並不會有症狀出現，但若沒有一併進行治療，會不斷上演交叉感染的慘劇。

而且就如同其他體外寄生蟲一樣，只要有到戶外環境並且有接觸，就可能傳播疥癬蟲，如果你家的狗兒習慣或者不能不到外面的環境，那就一定要記得定期噴灑防蟲的藥劑。

## 四、毛囊蟲

到目前為止對於毛囊蟲感染的原因都還未有定論，目前較為醫界所接受的說法為基因遺傳或免疫系統障礙，導致毛囊蟲在體內大量繁殖。

一般說來，毛囊蟲的感染還分為局部型與全身型感染，局部型的感染常發生在幼年期的3~6個月間，至於全身型則沒有年紀之分，但常常與癌症、免疫系統障礙或是其他內科疾病發生時同時出現。

局部型的症狀是在眼睛與耳朵周圍出現紅腫的小皰，並且帶有一些微皮屑，有時這些症狀也會在腿部及軀幹上發現。至於全身型的症狀則是在身上大範圍地出現紅腫膿皰，皮膚層變厚、大量掉毛及毛囊發炎，而且常常造成二次感染，患部還會有組織滲出液。

想要確認是否感染毛囊蟲，必須要進行實驗室檢驗才能診斷，感染毛囊蟲的狗兒，在用顯微鏡觀察患部的採樣時，可以發現大量的蟲體。

### ★如何清除毛囊蟲？

雖然局部型的毛囊蟲感染有90%的狗狗能夠自行痊癒，但為了安全起見，建議你無論狗兒罹患的是局部型或者是全身型的毛囊蟲，都要交由醫師診治，配合以口服藥劑、藥用洗毛精等，進行長期間的治療程序，以便完全清除狗兒身上的毛囊蟲。而因為毛囊蟲病本身牽扯到免疫系統及遺傳，所以容易一犯再犯，因此身為飼主的你，在將毛囊蟲病治癒之後，仍然要隨時注意狗狗是否有復發，並且要長時間地進行追蹤。

## 嘔吐及腹瀉

引起狗兒嘔吐及腹瀉的原因很多，例如因為沙門氏桿菌、大腸桿菌、梭狀桿菌等等細菌所導致的，及犬小病毒性腸炎、冠狀病毒、犬瘟熱等病毒造成的病毒性腸炎，或者狗兒太興奮而引起腸胃蠕動過快造成的，也有因為食物無法消化，所造成腸胃疾病或過敏的症狀等等。

無論是哪一種原因所造成的腸胃不適，請記得在狗兒出現嘔吐或腹瀉狀況之後，要連續禁食、禁水12小時，並立刻就醫。而在半天之後再慢慢開始給予少量多餐的食物及飲水，降低腸胃的負擔。

而為了避免類似狀況再次發生，平時應該清除腐敗的食物，餵食的時候也盡量不要讓狗狗養成在食盆中留下食物，如果有殘留就應該清理乾淨而不要任其暴露在空氣中，家中的垃圾桶應該要加蓋，在外面時，也要隨時喝止狗兒隨便舔食地上。

綜合預防針中也會包含各種腸胃性的病毒疫苗，因此對預防相關疾病都有一定的功能！

## 心絲蟲

心絲蟲是由蚊子所傳播，蚊子叮咬了患有心絲蟲的狗之後，心絲蟲會透過血液進入蚊子體內，經過10至48天，幼蟲會在蚊子體內發育到具備感染能力，而等蚊子下次再鎖定其他狗為目標，並且進行叮咬之後，蚊子體內的幼蟲就會進入另一隻狗的身體裡，接著心絲蟲的幼蟲會穿入狗的皮下組織，並且在6~8個月後發育成為成蟲。心絲蟲在進入寄主體內之後會隨著血液循環來到狗的心臟，並且在此落腳，寄生於狗的右心室及肺動脈。

心絲蟲成蟲的形狀頗像白色的麵線，體長約20至30公分，每隻心絲蟲可存活5至7年。感染心絲蟲的狗兒中，有30~50%在初期都沒有任何不舒服的病徵，唯有透過血液檢查才能檢查出是否感染。

### ★如何預防心絲蟲寄生在狗狗身體裡？

基本上，年齡在6個月以下的幼犬是不會有心絲蟲的，但這並不代表不足6個月幼犬就不需要做心絲蟲的預防，如果在6個月足齡前就開始服用心絲蟲藥劑，就能夠保證當狗狗到6個月大之後體內也不會有心絲蟲的存在，因此建議所有的飼主們，就算你家狗狗的身體裡沒有心絲蟲，或者是狗狗還未達6個月足齡，也要趕緊開始服用心絲蟲藥劑，以免發現心絲蟲之後還要花費大筆的金錢進行治療喔，為了預防心絲蟲而服用藥劑時，只要每個月定期服用一次即可！

因為心絲蟲靠蚊子叮咬傳播，因此平時也要注意狗狗住的地方，是否會遭到蚊子叮咬，必要的話要先為狗狗將蚊子清除乾淨喔！

預防心絲蟲的藥劑。

**若狗兒體內有了心絲蟲的話，將會出現以下症狀：**
一、初期：精神不振、食欲減退、持續咳嗽。
二、中期：體重減輕、易疲倦、體力變差。
三、後期：黃疸、喘息、水腫、心肺衰竭或嚴重的咳嗽至死。

### ★如何消滅心絲蟲？

如果你的狗兒出現上述的症狀，或者經過醫師的檢驗確認體內已經有心絲蟲了，其實治療的方式也很簡單，治療方式包括驅成蟲及驅幼蟲兩階段，驅除成蟲時需要服藥10~14天，接著再服用一個月，就能夠連幼蟲都一起殺光了喔！

而無論是預防還是要驅除心絲蟲，藥劑的用量還是要請教醫師喔！

## 擴大性心肌病

這是一種在大型犬以及老犬身上常見到的心臟病變，遺傳以及年紀是最大的原因，因為左、右心室極度地擴大，所以心室壁變得相當地薄且無力，可以由心臟輸送出的血液就變少。呼吸困難、急促、食欲不佳、軟弱無力、黏膜蒼白是最常見的病症，但是有些狗並沒有明顯的症狀，一般好發年齡在4~10歲之間。

一般會使用藥物與氧氣治療，但是效果並不好，而且因此病症而死亡的比率算是相當地高。

若狗狗已經被研判出有擴大性心肌病，平日應該要減少攝取鹽分，並且禁止狗狗進行劇烈的運動。

## 髖關節發育不全

　　這些年因為大型犬的風行，也讓人們注意到時常發生在大型犬身上的「髖關節發育不全」（Hip Dysplasia）這個問題。

　　狗兒因為遺傳、營養問題，或者是骨盆骨肌肉張力不足時，常會導致髖關節出現輕微脫臼並因而導致密合不良的現象。最後關節上的關節面出現磨損而出現不平整的現象，然後導致關節出現退型性變化，最後髖關節出現畸形或退化，進而影響動物運動的能力。

　　一般而言，體重大於25公斤的大型狗最易罹患此病，如德國狼犬、拉布拉多、黃金獵犬及哈士奇等，最早在幼犬4個月大時便會出現臨床症狀，但也有可能臨床症狀不明顯，年紀增加後，轉變發展成退化性骨關節疾病。

小型犬也有可能發病，只是症狀不明顯。

　　活動力下降，跑、跳能力下降，會發現髖關節鬆鬆垮垮的。輕輕觸壓髖關節時，會發現髖關節疼痛、鬆弛，拉直後腳，關節會疼痛，可以發現後腳肌肉萎縮，因為力量分攤到前腳，所以肩膀的肌肉常會變得肥大。

　　對於發生髖關節疾病的狗兒，最完善的診斷方法就是利用X光機進行照射，檢驗髖關節的間隙是否增加，再輔以臨床症狀加以診斷。

### ★如何治療髖關節發育不全症？

1.服用止痛藥物：對於發生髖關節問題的狗兒，止痛藥是一定必要的舒緩方式，

此外，葡萄酸氨Polysulfated glycosaminoglycans還可以減緩軟骨傷害的進行。

2.外科手術：此病發展到最後，外科手術就是唯一可行的治療方式了，不過髖關節的治療手術需要龐大的費用，一般來說需要數萬至數十萬之間，因此真正會選擇進行該手術的飼主並不多。
3.限制運動：因為髖關節已經受損，因此必須限制狗兒的運動以便能夠讓關節得到適當的休息。
4.物理治療：游泳是最常見也最有效的物理治療方式，一方面可以減輕關節的負擔，另一方面也可以也可以避免肌肉萎縮。
5.體重控制：因為體重會增加關節的負荷，所以減肥是相當重要。

如果狗兒已經出現髖關節的問題，一般來說都不建議生殖，因為懷孕會增加體重，不利於已經受損的關節，二方面如果是遺傳性的髖關節發育不全症還會將這個疾病遺傳至下一代小狗，造成更多家庭的負擔或悲劇。

## 過敏

嚴格來說，「過敏」其實算不上是一種「疾病」，只是為了說明方便，因此將「過敏」放在這個單元來做個簡單說明。

任何動物的身體都一樣，每天可能要面對成千上萬來自外界的攻擊與影響，這其中包含了各種的細菌、病毒、寄生蟲、異物、氣候等等。如果狗兒世世代代都接觸某一種會造成其身體過敏的原因，經過生物本能不斷地演化，免疫系統會逐漸適應並且發展出足以對抗的能力。

### ★與原生環境不同造成不適應

不過由於「人」的因素，人會將各種受歡迎，或者具有「商機」的狗兒運送到世界各地，在國內我們就可以時常見到各種來自四面八方的狗種，例如瑪爾濟斯、雪納瑞、拉布拉多、哈士奇等應該都已經是習以為常的外來狗種了，不過這些被人運送到其他不同地方的狗兒，可能對目的地的環境無法適應，例如原本生活在寒帶且乾燥地區的拉布拉多、哈士奇等狗兒到了臺灣，當然無法適應潮濕又炎熱的氣候，而既然無法適應，當然就可能出現各種在原產地不會有的症狀，而過敏就是狗兒的身體碰到這種狀況的反應之一。

### ★過敏的發生原因有哪些？

首先來自遺傳的基因當然是有最大的關聯，而對於氣候、溫度當然也有一定的影響，除此之外，對外來物的反應也是很常見的原因，例如因為吸到空氣中的花粉微粒、狗兒被寄生蟲叮咬後因為其唾液或分泌物而產生過敏現象、不潔或者不適的食物、家中的化學藥劑等，都是常見的過敏又發原因。

### ★常見的可能過敏原：

1.食物類：牛奶，蛋白、有殼的食物（蝦、蟹、蚌等以及海鮮）、巧克力、穀物（如玉米）、豆類、柑桔。
2.藥物類：抗生素、內分泌製劑、維他命、麻醉劑。
3.生物製劑：血清、疫苗、輸血時來自其他狗兒的血液等。
4.生物毒素：跳蚤、壁蝨、蛇、蜂、蟻、蠍、蜘蛛。
5.環境物質：花粉、煙塵。
6.化學物質：各式的化學製品、藥劑。

**★各種因過敏而出現的症狀：**

　　休克、器官衰竭、身體各處有劇癢的現象、蕁麻疹、水腫、唾液或眼淚異常分泌、流涎、呼吸困難或有異音、嘔吐、腹痛、下痢、血壓降低、癲癇等，而過敏的情況嚴重時，也可能造成死亡，因此不可不謹慎處理。


**★如何避免過敏產生：**

1.對於已經知道會造成狗兒過敏的藥物、注射針劑，或者會因為某些昆蟲叮咬而產生過敏，當然在就醫時一定要先告知或提醒醫師，而對於會叮咬的昆蟲，首先應該保持環境清潔，避免其在家中滋生，而如果在戶外時也要時時注意，必須的藥品也一定要定期噴灑。

2.避免與各種會造成過敏反應的過敏原接觸，而如果過敏原是藥物，盡可能在就醫時攜帶給醫師作為診斷參考。

3.要給狗兒新的食物時，請記得剛開始時都應該先少量給予，觀察身體是否有出現不適反應，經過數次嘗試都沒問題之後，才能夠供給正常分量。

4.目前市面上已有針對過敏體質狗兒研發的過敏體質專用飼料，不過因為口味一定不若原本的飼料香，因此許多狗狗會有不愛吃的現象，要轉換飼料前最好先索取試用包測試。

5.清潔、改善居家環境，避免可能的過敏原滋生。


**★出現過敏症狀時應如何處理？**

　　而只要出現了過敏的現象時，請記得立刻帶著你的狗兒就醫，不要因為覺得狀況不太嚴重就不以為意，許多時候過敏的狀況可能會造成狗兒身體的終生傷害，甚至導致猝死，因此千萬不可輕忽！

　　而在送醫的過程中，還有幾件事情務必注意，首先請確保呼吸道的暢通，因為過敏時狗狗可能會有大量流口水的現象，此時應該隨時將狗兒的口部放得比身體低，以便讓大量分泌的唾液可以自然流出，而不要流入氣管造成吸入性肺炎，此外當然也要隨時注意狗兒的呼吸狀況，看看是否有呼吸障礙甚至是停止呼吸的症狀。又因為過敏時可能出現血壓降低且全身無力的現象，請記得隨時以手接觸心臟的位置監測心跳狀況。

# 我家狗兒生病了嗎？

05

如果狗狗出現一些怪怪的狀況，你該怎麼判定是否該帶牠去看醫生呢？接著就要告訴你幾個基本的判別方法。

### 外觀是否有何不同？

所謂的「外觀」，包含狗狗外型上的每一個部分，例如毛、皮、頭、四肢、尾巴、眼、耳、鼻、口等，請你先看看這些部分是否有什麼與平時不同的，例如不正常掉毛、皮膚上是否有出不正常反應或異物（例如皮屑、傷口結痂、皮膚上的不正常分泌等、紅腫等）？各處是否有任何傷口、腳爪有無斷裂？鼻子是否濕潤？

觀察狗狗外觀有無異狀。

### 是否有嘔吐？

當狗狗的腸胃出現問題時，多半都會伴隨出現嘔吐的現象，當狗狗出現嘔吐症狀時，如果還讓狗狗吃或喝的話，都會造成更為嚴重的結果，因此首先請務必記得進行斷水斷食，然後立刻帶著狗狗去獸醫診所就醫。

### 活動力是否變差？

就像人一樣，當我們生病不舒服時活動力一定會變差，而且也一定會顯得比較沒精神，生病的狗狗當然也會有這樣的症狀，精神不濟、活動力下降，甚至是主人呼喚或以愛吃的食物引誘狗狗都不理不睬，這時候建議你先稍微觀察一下，如果經過幾個小時狗狗就恢復正常當然就沒事了，然而如果持續超過兩餐的時間，狗狗都還是沒有什麼精神，那就快點帶狗狗去找醫生吧！

### 食欲是否變差？

當狗狗的精神不濟時，一般來說食欲也會跟著下降，所以如果發生這樣的狀況時，也要提高警覺，也許你的狗兒身體正有什麼病痛，如果這樣的狀況持續一段時間都沒改善的

話，當然也是要帶著牠去找醫生了！

## 是否有不正常分泌物？

　　狗狗的眼、鼻、口、耳朵都可能會有分泌物流出，不過除了眼淚、唾液之外，幾乎任何其他分泌物都是不正常的，尤其是鼻子及耳朵，因為鼻子分泌物大概是鼻涕，表示牠感冒了，耳朵有分泌物的話則可能耳朵發炎了，至於眼睛如果流出有顏色的分泌物的話，可能是細菌感染，嘴巴如果口吐白沫則可能有中暑或太疲勞的問題，但無論是哪一種狀況，都要盡快帶去給醫生檢查。

> 除了上述四個部位之外，公狗的生殖器也可能因為時常趴在地上，導致地面的細菌沿著尿道進入體內造成感染，如此一來生殖器會也會有一些濃稠的分泌物，不過這種狀況比較不用擔心，而且狗兒自己會將這些分泌物清乾淨。

## 糞便是否不正常？

　　糞便是否正常的判斷方式很簡單，狗狗的糞便必須大體上能夠成為條狀，而有的時候狗狗的糞便會稍微稀一點，但基本上只要還能辨識呈現條狀即可；若是狗狗拉稀，排泄出的糞便已經完全沒有形狀可言，那就一定要請醫生檢查了。

> 但就算糞便正常，也要注意其中是否含有任何會動的寄生蟲，例如蛔蟲、鉤蟲等，有的話還是要帶往診所請醫師進行驅蟲喔！

# 06 是否該植晶片？

自從民國88年9月1日起，依據農委會頒布的寵物登記管理辦法，任何飼養的犬隻都必須植入晶片，並且登記列管，而植晶片究竟是怎麼一回事呢？我們將會在這個單元為你說明！

## 「晶片」是什麼？

「晶片」的外觀呈現圓柱狀，每一只晶片都會放置在專用的注射針筒中，而晶片的包裝中還會含有一組專用的號碼及條碼貼紙，以便進行登記。

這就是要植入狗狗身體的晶片。

植入晶片及登錄狗兒資料是依據農委會頒布的寵物登記管理辦法，而這個辦法的全文可以在「http://bulletin.coa.gov.tw/show_lawcommond.php?cat=show_lawcommond&type=A&serial=9_cikuo_20040915140423&code=A09」網址找得到。

## 何時可植入晶片？

在幼犬打完第3個月的預防針後就可以植晶片了，第3個月的預防針包括了狂犬病預防注射，而完成狂犬病預防注射是植晶片的必要條件之一，所以一定要先完成第3個月的預防注射，醫師才會為你的狗兒進行晶片的植入喔！

寵物登記管理資訊網。

## 完成寵物資料登記的五個步驟：

一、由獸醫師核對主人的身分證。
二、寵物一年內狂犬病預防注射證明。
三、植入晶片。
四、核發寵物登記證。
五、寵物登記資料輸入電腦上網完成建檔，網址為「http://www.pet.gov.tw/index.htm」。

## 植入晶片時的注意事項

一、請醫師盡量固定晶片：因為有些醫師會將晶片直接植入皮下組織，但如此一來，經過一段時間後可能會有晶片移位的狀況，將來有朝一日需要掃描時會不容易找到，增加你找回狗狗的困難度，甚至被撿到狗的人以為這隻狗沒有植入晶片，就直接送往收容所，甚至就被進行安樂死，因此在進行植入動作時，建議你先與醫師討論，是否能夠盡量將晶片植入在兩個肩胛骨之間，這樣就會避免晶片的移位，而且也比較容易被掃描到。

**二、植入後最好能夠掃描看看**：在植入之後，建議你要求醫師現場以掃描器試掃看看，一方面確定晶片是良好的，二方面也要比對晶片登記號碼，確認資料無誤。

**三、務必上網完成登記**：目前寵物登記管理辦法要求飼主在完成晶片植入後，自行上網登錄你的狗兒資料，而如果你都已經花錢植入晶片，當然要記得上網登入資料，以後如果哪一天你的狗兒走失被別人撿到時，才可以依據你登錄的資料將狗兒送回喔！

之前的做法是由獸醫師進行登錄資料的程序，因此也有黑心獸醫院在幫寵物植入晶片後並未依規定向政府機關辦理登記，也就是私吞了飼主繳付的寵物登記費用，不過改制之後就不會再有這個困擾了！

## 關於植晶片的爭議

　　雖然農委會強制規定所有飼主要攜帶狗兒進行植入晶片以及上網登記的政策，不過仍有許多人反對，並且呼籲不要進行寵物登記，為什麼呢？主要有以下幾個原因：

一、在國內許多人自行進行寵物繁殖及販售，所以如果你走失的是名種犬，而且是被這些人撿到，再加上你的狗兒也沒有被結紮的話，等於是天上掉下的免費生產工具，當然也不可能去掃描晶片並且將狗兒還給你了！

二、一般人對如果撿到名種犬，可能會想要留下自行飼養，也不一定會帶去掃描晶片，因此就算植有晶片，也不一定就保證能夠在狗兒走失的時候發揮作用。

三、一般使用的晶片多半由外國製造，經過實際的經驗，某些晶片在經過飛機運送的過程之後，會出現失效的狀況，因此如果植入後沒有進行測試，可能植入狗兒體內的晶片也沒有效用，而這也是前面提到要請醫師在植入後試掃的原因。

四、晶片的體積並不小，將這麼大的一個物品塞入狗兒的皮下，怎麼可能不會造成不適呢？因此這一點也是愛狗人士所持的反對原因。

五、製造晶片的廠商眾多，每個廠牌的晶片都需要專用的掃描器才能夠掃描得出晶片上的資料，但又不是每一間動物醫院都有全部的機器，所以就算植入了晶片，剛好走失的狗兒被送到無法掃描該廠牌的動物醫院去時，也一樣掃不出晶片上的資料，晶片仍然無法發揮作用。

　　在此只是將反對的意見列出，並非鼓勵讀者不要進行寵物登記，畢竟一來這是政府的規定，二來是將來有一天如果狗兒走失，總是能夠多一個找回的機會，因此如果沒有特殊的原因，建議你還是找一位合格的獸醫師為你家的狗兒植入晶片，並且完成上網登錄的程序吧！

# 如何面對狗狗發情期？

只要你從幼犬時期就開始飼養，從飼養的那天開始，每隔一段期間就必須面對牠們定期的發情問題，雖然這段期間會造成你許多的不便與麻煩，但是身為飼主的你，唯有先了解該如何處理，才能避免更多不必要的困擾喔！

## 發情的過程是如何一回事？

嚴格來講，只有母狗有所謂的「發情」，公狗是在母狗發情之後才會發情。母狗一年大約是發情1~2次，而第一次的發情應該是在她7~8個月大的時候，公狗則是隨時準備接受母狗的呼喚，當母狗發情之後隨時可以進行交配。

> 每隻母狗第一次的發情期可能會有一些不同，可能略早，也可能較晚。

接近發情期時，毛色變得富有光澤，食欲也會增加，而當母狗的發情期開始之後，會經過以下幾段不同的變化：

一、**第1~2天**：外生殖器開始鼓脹並充血，並會不斷地去舔此部位，而且開始出現像女性月經一樣的出血現象，排尿次數也會隨之增加，此時會開始吸引雄性的公狗，但是並不會接受公狗的交配。

二、**第3~6天**：流出的的血量增加，而且出血的顏色會變得較深。

三、**第7~9天**：外生殖器變得更加腫脹、出血量多顏色更深、開始對公狗感到興趣，不過仍不會接受公狗交配。

四、**第10~14天**：出血量會開始減少，而且積極展現準備接受公狗交配的態度。

五、**第15~16天**：經血急速減少。

六、**第17天**：鼓脹的外生殖器開始慢慢恢復正常、而且會排斥公狗，不讓牠們靠近自己，而發情期至此時也即將結束。

> 簡單來說，從狗兒開始流出經血的那一天起，第8至第14天的這7天都是可以受孕的時期。

犬用生理褲。

## 發情時該如何處理？

　　如果你原本就打算讓狗兒受孕，當然你應該把握母狗排出經血7天後的那一周時間，讓公狗與母狗進行交配。

　　不過令人較困擾的應該是當你不打算讓狗兒懷孕的時候，且你家的狗兒也未進行結紮手術的情況，不過這又應該區分為母狗與公狗兩方面，而首先我們先看看母狗的部分該如何處理：

一、因為母狗在發情期應該會流出經血，首當其衝的就是你家中的環境會受到一定程度的髒污，不過針對這個問題，飼主可以至寵物店購買不同尺寸的犬用生理褲，至於使用的方法，則可向寵物店詢問。

二、既然並沒有打算讓狗兒受孕，因此當然在這段時間要盡量避免帶母狗出門，以免在外面碰到其他的公狗，以免你家的母狗因為一個不注意就遭到其他公狗的侵犯，另外也可避免在外面需要不斷驅趕聞風而來的公狗群。

三、母狗在發情時可能會不斷地吠叫，為免造成周遭鄰居的不悅，你可以先行準備犬用口罩，阻止狗兒發出叫聲。雖然這個因應方式並不是十分人道，但既然身在與人為鄰的社會，這也是不得以必須採用的手段。

四、身為狗兒的飼主，你與家人的身上多多少少都會沾染發情母狗的氣味，這將可能讓你在出門時，成為其他公狗注意甚至做出猥褻動作的對象，而此時無論你在衣物上噴灑任何香水、芳香劑也都沒有幫助，唯一的方式只有勤換衣物，並且做好必須隨時驅趕衝上前來公狗群的心理準備吧！

五、因為發情母狗發出的氣味可以傳播相當地遠，因此可能在你家周遭1、2公里內的公狗都可能聞風而來，你可能也要隨時驅趕圍在你家門口或四周的公狗，因為牠們可能會不斷地吠叫、哀嚎喔！

有時候就算已經結紮的公狗，也仍然會對母狗的發情做出反應。

**至於公狗方面，身為飼主的你也必須做好一些心理準備：**

一、當周遭有母狗發情時，只要你家的公狗未經過結紮，一定會變得相當激動，並且隨時想要進行交配的動作，甚至嚴重時，你家的狗兒還會隨時掙脫你的控制或者是逃離你家，然後想盡辦法去尋找發情的母狗，因此在有母狗發情的這段期間內，你一定要善盡飼主的責任，不但要關好家

犬用口罩。

中的門窗避免公狗「逃家」之外，如果要帶牠出門時，必要的牽繩、背帶、頸圈也一定要套緊，以免公狗逮到機會就掙脫，然後在別人家的母狗身上留下不在你計畫中的「種」！

二、無論在家中或是外面，公狗會因為受到母狗發情的影響，隨時都可能做出交配的動作，此時請你一定要適時地制止，甚至使用一些威嚇的工具，例如寵物用的馬鞭，或者任何你平常用來懲罰牠的用具，否則一來對其他人不禮貌，二來你將來也會不容易管教你的狗兒。

三、當有母狗發情時，公狗的脾氣一定會變得較為不穩定，不但易怒、愛吠，嚴重的時候甚至對主人都會面露凶光，因此除了一方面要大聲喝止牠的行為之外，你也必須小心自身的安危，盡量不要在太靠近的位置喝止牠，否則牠可能會情緒失控而對你進行攻擊讓你受到傷害喔！

寵物用馬鞭是一種很
有效的威嚇工具。

# 該讓狗兒結紮嗎？

關於是否要為狗兒進行結紮，一直以來都是個常被提出討論，並且很容易會引發激烈爭辯的問題，甚至就連我都常因為這個問題與人爭吵，不過這當然是一個見仁見智的問題，既然你是飼主，你當然有權力對你的狗兒做出你的選擇，在這個單元就以客觀的立場，為你説明是否結紮的優、缺點。

## 如何進行結紮？

因為一般來說我們都將狗的節育手術也稱之為「結紮」，不過實際上無論公或母，狗狗的節育手術都不是像人類一樣，可以只要將輸精管或輸卵管綁住。真正進行的方式是將雄性的睪丸或雌性的子宮、卵巢完全切除，這樣除了可以達到節育的目的之外，其實也會造成一些身體所需的激素無法自行製造，對狗兒的身體當然是一定會造成影響的。

## 贊成結紮者的理由：

贊成結紮的人，所持的理由大致上有以下幾點：

一、免除動物發情時造成的困擾：母狗發情時會因為經血流出而弄髒家中的環境，而且還會引來周遭的成群公狗在你家附近便溺或爭鬥，而且母狗發情時還可能不斷地吠叫，造成鄰居或家人的困擾，因此為了避免這些困擾，贊成進行結紮手術以絕後患！

二、可有效減少流浪狗貓的數量：在國內每年會有成千上萬的流浪狗在毫無節制的情況下生出下一代，贊成結紮的人士普遍認為由此所引發的社會問題，都是因為「人」所造成，因此不斷鼓吹以「結紮」來代替「撲殺」，如此才能解決問題的根本，在結紮後將可以阻止犬隻的不斷繁衍，經過一段時間後狗兒的數量當然就會逐漸減少。

三、可避免疾病產生與穩定性情：不論公、母，狗兒的結紮都可防止生殖方面的疾病，而贊成者都認為透過結紮，就可以杜絕這些問題。而性賀爾蒙會引起動物的情緒反應，母狗發情時公狗會跳家、打架因此而受傷或導致死亡；另外公、貓會有四處灑尿占地盤的行為，如此將導致環境品質下降；而當遭遇到「性挫折」時，則會脾氣暴躁、咬人、破壞等行為產生。贊成者認為在公狗第一次發情前結紮，就可避免以上的種種狀況，而且還常引用歐美對工作犬與導盲犬強制施行結紮手術作為佐證。

四、有利於飼主的教養：正常的公狗會比較有攻擊性，並且可能會向家庭的領導者挑戰並嘗試在家庭中建立牠的強勢領導地位，如此一來不但會造成飼主的困擾，也可能因此導致飼主因為狗兒的抗爭而受傷。

五、結紮將可避免狗兒淪落為黑心繁殖場的生產機器：當狗兒因為結紮手術而喪失生殖能

力之後，縱使狗兒有朝一日落入繁殖商人的手中，也無法進行繁殖的商業行為，因此許多經過流浪動物機構或者中途之家收容狗兒，都會被強制施以結紮手術。

## 為何我反對結紮？

在前面我已經提到關於結紮，是一個見仁見智的問題，也沒有所謂的對與錯，不過在此提出一點個人的看法，希望可以作為你思考是否要讓狗兒被結紮的參考：

**一、結紮會讓狗兒身體缺少某些激素**：公狗的睪丸及母狗的卵巢除了附有繁衍下一代的重責大任之外，也會為身體製造各種必須的雄性及雌性激素，而如果狗的身體原本會自行製造某些賀爾蒙，之後卻因為節育手術無法自行生產，那麼狗狗的身體會不受到影響嗎？

**二、結紮有副作用**：結紮後的母狗會有些行為或性情上的改變，其中會有一小部分的母狗會變得比較凶猛；有些結紮過的母狗到高齡時會有尿失禁情形，且結紮過的母狗會因為食欲增加而發胖，而就像人一樣，狗兒過胖時對身體的負擔一定會增加。

**三、錯誤的絕育手術導致身體的病變**：許多獸醫診所在為母狗做絕育手術時使用錯誤的方法，雖然母狗已經無法生殖，但因為體內尚存有卵巢，因此仍會有發情期，此時子宮內膜腺體仍會分泌大量黏液，但子宮腔內的液體無法排出，最後導致發炎的症狀，也就是所謂的子宮蓄膿症。

**四、飼主不應該為省麻煩而剝奪狗兒的器官**：狗是飼主要養的，狗原本就會有繁殖的衝動，無論是公狗或母狗，這是天賦的本能，也是飼主原本就知道的，既然知道了又要飼養牠，就有責任管好牠，因為牠是你的寵物，這是主人該顧好的事情，而不是因為自己懶惰，就以結紮作為自己可以不用去控制牠們發情、交配的手段，不能因為主人懶就讓牠失去原有的器官！

**五、挨一刀是很痛的**：就算是人這種有高等智慧的動物都不願意因為手術而挨一刀，無法言語的狗兒又怎麼願意因為你的決定而讓自己疼痛呢？你願意將自己的生殖器官切除嗎？如果你不願意，為什麼你會覺得你的狗兒願意呢？

以上是個人觀點，我也再次強調這是一個見仁見智的問題，並沒有所謂的對與錯，然而你能看到的卻只有狗兒的健康與不健康、痛苦與不痛苦。最後，在此引用某次對一位朋友提出的問題，希望所有的讀者在思考這個問題時，也能夠謹慎地想一想：

「男人老了會攝護線肥大，女人將來會可能得乳癌、子宮頸癌，難道男人會因此而將生殖器官割掉？女人會因此摘除乳房和子宮嗎？」

# 09 特殊品種的斷尾、剪耳手術

某些特定品種的狗兒，普遍會被施以斷尾或剪耳的手術，不過對於許多剛開始飼養的飼主來說，都會常常詢問是否需要進行這類手術？因此我們也在最後的這個單元中，為讀者們做個簡單的說明。

## 為何需要進行斷尾、剪耳手術？

一般來說，狗兒都會有一條完整的尾巴，不但有助於身體的平衡，也可以由尾巴的擺動來知道狗兒的情緒，不過習慣上，人們會對一些特定品種的狗，例如英國古代牧羊犬、貴賓犬、雪那瑞犬、挪威那犬、拳師犬、約克夏等，進行斷尾手術，保留尾巴原有長度的1/2至1/8。

至於剪耳手術，主要則是針對雪納瑞這種狗所施行，目的是要讓原本下垂的耳朵能夠豎立起來，讓人覺得雪納瑞看起來很有精神！

無論是斷尾或是剪耳，其實主要的目的都是為了滿足人類的視覺，也就是讓飼主覺得狗兒看起來比較美觀或者可愛，或者能夠參與比賽得到較高的分數，其實這些手術對狗兒的身體結構或者健康都沒有實質的幫助。

## 需要進行斷尾或剪耳手術嗎？

其實這兩種手術的目的都是為了讓狗兒看起來更美觀，不過手術的進行，都必須切除一部份的骨骼，其實狗兒是會覺得相當疼痛的，而且手術過後的傷口如果處理不慎，還會造成感染或其他病變。

> 經過保護動物團體的大力奔走之下，英國、加拿大等國家目前已經立法嚴禁畜主自行施行這一類的手術，而且自從1993年7月之後開始，在英國規定只有合格的獸醫外科醫師可以執行斷尾手術，而且還限制必須是為了醫療及預防的目的才可進行。

其實我們飼養的寵物大多都是為了陪伴我們的生活，鮮少有人養了狗狗是為了要去參加比賽吧！因此根本不必為了「美觀」的原因，對狗兒施以如此疼痛且殘忍的外科手術，畢竟每一隻狗有牠與生俱來的外型，只要你愛牠，牠就是最漂亮、最可愛的，如果沒有任何非動刀不可的原因，給你的建議就是：自然的最美喔！

# PART6
## 犬式飲食

養了一隻狗之後，每天都會面對狗兒吃吃喝喝的問題，許多人，尤其是老一輩的人，都認為只要把我們的剩菜配飯給狗兒吃就行了，但其實有許多人的食物是狗不可食用，甚至對狗的身體是有害的，如果你不先弄清楚狗兒該吃什麼，以及狗兒不能吃什麼，你可能會將你的狗養出一身的問題，因此接著我們就來看看，到底狗兒應該要吃些什麼才是最正確的吧！

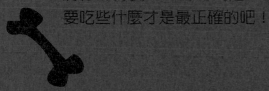

Part 06
犬式飲食

## 01 怎麼吃才健康？

多數的人在帶回狗兒之後，最直覺想到的就是關於糧食的問題，不過狗兒究竟需要吃些什麼？或者是不能吃什麼呢？關於這些問題，將在這個單元中為你揭曉！

### 剩菜加白飯

在老一輩的人心目中，哪可能會有為狗狗準備專門飼料的觀念，因此都是看家裡有什麼吃剩下的，就和白飯攪一攪給狗狗吃，雖然因為人類的菜色都會有比較好的味道，狗狗一定都很愛吃，但是這樣一來其實營養不均衡，二來高含量的油脂及調味料幾乎都會造成狗兒身體的傷害，而且其實狗兒對澱粉的吸收能力並不佳，如果直接餵食米飯，對狗兒來說其中的醣類並不容易被吸收，所以傳統以剩菜加白飯的餵食方式，其實是不正確的方式。因此為了狗兒好，為牠們準備專門調配的飼料及副食品，才是最佳的方式！

不適合讓狗兒吃的食材相當多，而關於這個部分，我們將在下一個單元再做比較詳細的說明。

### 必備：專為狗狗調配的飼料是上選

對於狗兒來說，最佳的主食還是狗飼料，因為雖然各家的成分會有差異，不過因為都是針對狗的身體結構及營養所需而調配，因此可以說是最適合狗狗食用的主要營養來源。

可是目前市面上販售的狗飼料品牌這麼多，我們該如何選擇呢？給讀者的建議是，先請教專業的獸醫師，因為畢竟他們受過專業的教育，知道哪些養分對狗兒是必要或者有幫助的，再者就是從飼料的售價上著手，因為我們一般人並沒有辦法了解飼料包裝上所標示的成分，不過以在商言商的角度來看，運用越多人力進行調配的飼料，成本一定會比較高，而且使用越高級的食材所製作的飼料，費用當然也會越高，因此為了你家狗兒的長久健康著想，建議你千萬不要將錢省在每天都要吃的飼料上！

專為狗兒調配的飼料才是上選。
（產品提供：小布屋寵物館）

除了選擇多樣之外，目前在市面上販售的飼料價格差異很大，某些飼料大包20公斤裝的售價，可能只能買一包知名品牌飼料的2或3公斤包裝，而一般來說，等級較差的飼料，比較容易因為石灰質含量的影響，造成狗兒身體出現結石的問題，真的不可不謹慎選擇！

### 必備：罐頭

對於是否餵食罐頭，許多人各自抱持不同的看法，不過若由生理結構及需要的角度來看，我會建議你將罐頭視為副食品，平常我們當然還是要以配方比較均衡的飼料為主，但另外還要補充罐頭肉品，但是在分量上則可以偶爾給予，或者在每餐的飼料中添加些許；畢竟狗原本是雜食性，在野外原本就會獵食其他小動物，所以牠們本來就有攝取肉類的需要。

不過罐頭的品牌與飼料一樣，實在是琳琅滿目，建議你在挑選時，先排除某些已經被多次報導出現問題的廠牌，以及某些味道太重甚至連人聞到都覺得香味四溢的品牌，因為如果連你聞了都想吃一口，表示這個產品添加的調味料必定過多，這對狗兒的身體絕對有害無益！而除了上述的兩類產品以外，其他任何廠牌的罐頭只要你家的狗願意接受，而且在吃了之後不會出現任何不適的反應，就可以安心繼續讓狗兒食用。

各式犬用罐頭。

一般來說，狗罐頭的主要製作材料不外乎牛肉、羊肉、雞肉，另外則可能搭配蔬菜、豆類製品等，其中最常見的就是牛肉，而且大多數的飼主也都是習慣購買以牛肉製作的肉品罐頭，雞肉的優點是因為屬於白肉，缺點是排泄物會比較臭，而羊肉則比較適合皮膚有問題或膚質較脆弱，容易有皮膚病的狗兒食用，例如許多外來狗種不適應台灣的氣候、溫度、濕度，食用羊肉之後皮膚的問題會有顯著的改善，不過缺點則是因為油脂含量較高，食用羊肉的狗兒身上比較會出現異味。

另外，除了罐頭之外，市面上還有販售一種不添加防腐劑，且需要冷藏保存的生鮮肉條，這類的產品當然是更理想的選擇，只是因為保存期限較短，而且平時又必須放進冰箱，因此價位上會比罐頭來得高。而且，因為必須以冷藏保存，在餵食之前，建議你用熱水，或以微波爐略微加熱，以免某些腸胃較敏感的狗兒因為食物的溫度太低而出現不適。

冷藏生鮮肉條。
（產品提供：小布屋寵物館）

但如果要進行加熱的話，請記得不要將肉條過熱，因為狗兒並不適合食用「燙」的食物。

### 必備：營養補充品

我們將各式的營養補充品列為「必備」，可能許多人會認為就算不添加此類補充品也不會有什麼影響，當然這點我們也無法否認，不過在此我們是以讓狗兒健康為出發點，因此建議你一定要隨時補充各種必須的營養品。

### 一、維生素：

飼料中只會含有基本的幾種維生素，如果想要讓狗兒得到各種均衡且充足的維生素，就必須要另外補充。一般販售的維生素添加劑多半都呈現固態細條狀，而且可以直接溶於水，不過差別在於溶解力及溶解速度，當溶解力越強、溶解速度越快時，對狗狗而言就會更容易被吸收。

維生素添加劑。
（產品提供：小布屋寵物館）

### 二、消化酵素

消化酵素是一種活菌，可以促進狗兒腸胃的正常蠕動，並且增加吸收的能力。如果狗兒有消化不良、容易拉肚子或者吸收不佳的狀況，在食物中添加消化酵素將可以有效地改善上述症狀。

另外，某些消化酵素中還會添加刺激身體合成生長賀爾蒙的成分，但這類成分卻常讓人誤解成是一種人工賀爾蒙，其實並不是這樣，因此在選購時如果有看見包裝上註明可以促進「合成」生長激素、賀爾蒙的功效，其

犬用消化酵素。
（產品提供：
小布屋寵物館）

實無須擔心而且可以安心購買。

### 三、鈣粉（亦稱為「骨粉」）

既然成分是「鈣」，那想當然耳這就是為了鞏固骨骼、牙齒之用；而許多鈣粉產品還會含有「磷」，這也是狗狗生長所需的元素。

另外，有些鈣粉產品中也會含有各種必要維生素，反之，也有許多維生素添加劑中含有鈣質添加物，因此在購買時，如果發現你購買的產品中已經同時包含維生素及鈣質的話，就可以選擇購買這種雙效營養素，而不要購買重複的內容以免浪費。

鈣粉。（產品提供：
小布屋寵物館）

### 四、海藻粉或海藻錠：

食用海藻製品可以讓狗兒的毛色變得比較光亮，而坊間有許多的海藻類製品，不過無論是否為狗兒添加此類補充品，對狗兒的身體健康都不會有影響，因此飼主可以自行決定是否購買。

海藻錠。（產品提供：
小布屋寵物館）

**五、專為狗兒製作的料理包**

　　因為狗兒在吃的方面有許多禁忌，但又為了能夠提高家中狗寶貝的食慾，也有廠商挑選專用食材，為狗兒製作可以與飼料搭配食用的料理包，而其中又以日本進口的產品為大宗，如果狗兒有食慾不振，或者因為生病而不願意吃飯的時候，飼主可以考慮購買這類產品引誘狗兒吃飯。

犬用料理包。
（產品提供：
小布屋寵物館）

這類型好吃的料理包請適量餵食，不過千萬別讓狗兒太常吃，以免將來養成壞習慣，如果沒有加料理包的時候就不吃飯了。

## 選購：零食

　　我們必須先提醒各位飼主，零食一定會做得比飼料好吃，因此如果你家養的是一隻挑嘴狗，可能在吃過幾次零食之後牠會開始不愛吃飯，因此是否要提供零食，以及要提供的量，必須因為不同的狗兒而做調整，千萬別因為你愛牠就無限制地提供給牠，養成挑食的壞習慣時，一來會造成你的困擾，二來對狗兒身體所需的均衡營養一定也會有所妨礙。

零食，可以作為
訓練狗狗的誘餌。
（產品提供：
小布屋寵物館）

　　目前各種進口、國產的狗零食琳琅滿目，你在任何一家寵物店都買得到數十種不同的零食產品，不過在挑選時，建議你一定要注意產品的鹽類含量以及產品的衛生，有許多廠牌，尤其是國產的狗零食，為了增加狗狗的接受度，都會添加較多的鹽，如此當然會造成狗兒身體的負擔，並且導致掉毛及皮膚搔癢的症狀，因此千萬不可輕忽，而有些較不知名的廠牌在產品衛生的把關上比較不重視，有時候甚至肉品中還會看到爬動的小蟲等令人作嘔的情形，這當然會直接影響狗兒的身體健康，而且還可能在不知不覺中讓狗兒吃下許多不知名的寄生蟲、病毒等，因此挑選較知名，或者擁有較多好口碑的產品，可能是最簡單又比較理想的一種方式。

## 選購：健康保健食品

　　會列為「選購」，主要是因為各種狗用的健康保健食品價位都相對偏高，對於許多飼主來說可能是一大負擔，而且這類產品大多都是防範於未然，並不會立刻看到產品的效果，因此對多數人來說接受度都不高。

　　不過因為健康保健食品的範圍相當廣大，內容可說是包羅萬象，而且各種不同的犬種還可能有專屬的產品，因此我們也無法在此一一詳細說明，如果有需要的話，建議你可以多逛寵物店，或者請教專業的醫師是否有需要讓狗狗食用喔！

犬用冬蟲夏草錠。
（產品提供：小布屋寵物館）

# 02 狗狗有什麼不能吃？

如果你從未去了解，你可能不知道其實常見的食品中有許多是狗狗不能吃的，這些食物輕微可以造成狗狗短暫的不適，嚴重一點可能造成休克、昏迷，甚至會有猝死的情形發生，因此也是不可不注意的！

狗狗不是任何東西都能吃，吃得不對小心會生病。

## 可能致命：巧克力

巧克力中含有咖啡鹼（Theobromine），食用之後可能造成狗狗身體中輸送至腦部的血液減少，還可能因此造成心臟病的問題。純度愈高的巧克力含有越高的咖啡鹼，危險性當然也越大。

當狗兒因為食用了巧克力而出現中毒的狀況時，會出現無法自主的流口水症狀、頻尿、瞳孔擴張、心跳加速、嘔吐、腹瀉、極度亢奮、顫抖，而且還可能會昏迷。

## 可能致命：洋蔥

洋蔥中含有二硫化物（Disulfide）成分，這項成分人體並沒有任何害處，但卻能使許多動物身體中的紅血球氧化，而其中也包含狗。當發生上述狀況時，可能會引發溶血性貧血（Hemolytic Anemia）的病症。

當狗兒在一周的時間內吃到幾小片的洋蔥就足以損害紅血球，進而影響紅血球原本應該正常運送的氧氣，導致身體出現缺氧的問題。

當狗兒因為洋蔥而中毒時，會出現疲倦、行動遲緩、嚴重喘氣、精神渙散、心跳及脈搏加速，而且在牙齦及嘴部都會出現薄膜狀的分泌物。

## 可能致命：經人工飼養的動物生肉

雖然在野生的環境中，狗兒也會獵食各種的動物並食用這些動物的肉，但是經過人工飼養的食用動物身上，卻可能會衍生出一些在原始環境中沒有的病毒或細菌，而這些微生物卻是狗兒的免疫系統所無法適應及抵抗的，而其中較常見的就是沙門氏菌及芽胞桿菌。

當狗狗感染了沙門氏菌之後，會出現食欲變得極差、發高燒、下痢、腹瀉、脫水、下腹疼痛、精神渙散等症狀。

而如果是芽胞桿菌侵入了狗狗的身體後，則會開始出現嘔吐、胃痛、下痢（嚴重時還會帶血）、休克、麻痺等症狀。

## 危險：肝臟

狗狗都很喜歡吃動物的肝臟，而且許多廠商為了降低價格，都會以肝臟來製作罐頭或零食。不過肝臟並不是不可食用的食材，食用適量的肝臟對狗的身體是好的，但若過量則會因為肝臟富含的高單位維生素A，而引起維生素A中毒或維他命A過多症。

若以雞肝為例，一周只要食用超過3個雞肝就可能引發維生素A中毒或者相關的骨骼問題，而如果你已經為狗兒添加了前面提到的維生素添加劑，且其中也已經包含維生素A的話，就應該要避免再讓狗兒食用肝臟類的食品。

維生素A中毒或過多時會引起骨骼畸形、部分骨骼生長過快、體重減輕、厭食或沒有食欲等症狀。

## 危險：家禽類的骨頭

四隻腳的家畜及兩隻腳的家禽都可以成為食物的來源，如果其中家畜的骨頭被咬碎之後對狗兒比較沒有妨害，但如果讓狗兒吃到家禽的骨頭，因為被咬碎的骨頭碎片會變得非常鋒利，很容易就會刺傷狗兒的嘴或喉嚨，吞下肚之後還容易割傷狗的食道或胃腸，因此請千萬不要讓狗兒哨食家禽類的骨頭。

當狗兒被家禽的骨頭刺傷或割傷時，可能會因此導致窒息、急速張大嘴巴喘氣、對臉部搔癢，嚴重的時候甚至會休克、昏迷、喪失意識、瞳孔擴大等。

只要不是家禽類的骨頭，煮熟就可以餵食狗兒，其中的骨髓是極佳的鈣、磷、銅等元素的來源，而且哨咬大骨也可達到清除牙垢的效果。

## 危險：生雞蛋

生雞蛋中的蛋白部分含有一種稱為卵白素（Avidin）的蛋白質，該物質會耗盡狗體內的維生素H（維生素H存在於維他命B群中），而維生素H是狗生長及促進毛皮健康不可或缺的營養。除此之外，未煮熟的生雞蛋通常也可能含有許多病菌或寄生蟲，一般人的觀念會

以為餵食生雞蛋可讓狗兒發育得更好，或者可讓毛皮更光亮，這些其實都是錯誤的。

若因為餵食生雞蛋而導致缺乏維生素H，狗兒會有嚴重掉毛、虛弱、生長遲緩、骨骼畸形等症狀。

也許你會認為生雞蛋中只有蛋白的部分含有卵白素，那是不是可以餵食生的蛋黃？其實蛋黃中雖然並不含此物質，卻仍會潛藏各種不明的病毒或寄生蟲，所以仍然是不安全的食物喔！

## 需盡量避免：豬肉

如果你曾經購買過狗罐頭就應該會發現，市面上應該買不到以豬肉製成的罐頭，這是因為豬肉的脂肪球比其他動物的脂肪球大，這些脂肪球若被吸收則可能會阻塞微血管，因此我們平日就應該要避免讓狗兒食用到任何的豬肉製品。

## 危險：牛奶

許多人在剛帶回小狗飼養的時候，都會很直覺地使用人食用的奶粉沖泡牛奶或者購買鮮奶餵食幼犬，不過因為人與狗的身體構造差異很大，適合於人類的脂肪球大小對狗來說卻可能完全無法吸收，因此身為一位飼主，你一定要知道絕不可餵食人類的牛奶給狗兒。

犬用代乳。
（產品提供：
小布屋寵物館）

如果你想要讓狗兒喝牛奶，請一定要向寵物店或獸醫師購買專門設計給狗兒食用的犬用代乳；而所謂的「代乳」，就是一種設計給狗食用的奶粉，沖泡方便而且適合狗兒的身體吸收。

但也有許多狗兒天生有「乳糖不適症」的症狀，只要吸收到乳糖，就會出現放屁、腹瀉、脫水或皮膚發炎等徵狀。如果你家的狗兒也有這個問題，建議你洽詢獸醫師，改用不含乳糖成分的犬用代乳。

## 危險：菇類

其實一般市售的香菇、蘑菇或金針菇無論是對人或狗都是無害的，那又為何將菇類列為「危險」的等級呢？其實是因為狗兒總是有機會到外界的環境，如果牠平常都習慣了食用菇類，到外面之後如果誤食有毒菇類的話，嚴重時可能立即致命，因此建議避免讓狗兒吃菇類的食物。

## 危險：大蒜

　　如果狗狗偷吃蒜頭雞(超過40粒大蒜)會造成狗狗貧血，這是因為大蒜含有大量的硫化物能破壞狗狗的紅血球，就算你將大蒜烹調處理過仍然無法去除硫化物的成分。

## 危險：高含量的油脂

　　另外，一般人所吃的飯菜都會用較多的油料理，但人所習慣的油脂含量對狗的身體來說是一種沉重的負擔，如果讓狗兒吃剩菜剩飯的話，除了前面提到的澱粉以外，菜飯中的高含量油脂還可能讓牠們得到胰臟炎，因此就算家裡有剩菜剩飯，建議你直接以廚餘回收，而不要將狗狗當成是你家的餿水桶。

## 危險：過多的鹽分

　　狗的腎臟不大，而狗身體中的鹽分都必須靠腎臟代謝，如果吸收到太大量的鹽分而腎臟無法負荷時，經過時間的累積會造成慢性腎衰竭。

　　另外，身體中過多的鹽分會堆積在皮膚下，然後造成狗兒的搔癢及掉毛，因此飼主一定要記得避免讓狗兒食用到過多的鹽分。

## 危險：辛香料

　　芥末、薑、蔥、蒜、胡椒、咖哩等香辣調味料都會刺激胃腸，並且增加肝臟的負擔，如果刺激過強而且長時間持續食用的話，還會麻痺狗的嗅覺。另外，蒜則含有大量的硫化物，這種物質會破壞狗狗的紅血球，進而演變成貧血的毛病，而且就算將大蒜烹煮之後仍然無法去除硫化物的成分。

## 危險：海鮮類

　　海鮮類食品具有大量的優質蛋白質，但因為來自大海，海鮮類食物中含有的鹽分也比一般食物高得多。

　　而就像許多人吃海鮮類會過敏一樣，相同的過敏問題也會出現在狗的身上，狗兒若對海鮮過敏時，會造成過敏性皮膚炎，皮膚上會長出許多紅疹並且不斷搔癢，嚴重時會因為過度搔抓而破皮。

## 危險：太甜的水果

　　大部分的水果都是可以讓狗狗食用的，不過要避免一些甜度太高的水果，這類水果一來可能會造成狗兒肥胖，二來則可能引起蛀牙、產生牙垢等問題。

　　不過有些特定的水果則必須避免讓狗兒食用，例如葡萄可能造成中毒的症狀，櫻桃則會導致呼吸急促、休克、口腔炎、心跳急促等後果。

葡萄為何會造成中毒，原因仍未確定，目前仍是一個正在研究中的病症。

　　上述的食物都是已經被證實狗兒不適合或者不能吃的食物，但當然一定有些狗兒曾經食用過上述的某些食物卻也沒出問題的，不過在此需提醒你，有些問題不是立竿見影，可能影響要在很久之後才看得出來，而且吃一次沒事不代表永遠都沒事，如果你真的愛你的狗，為了牠好，也為了避免你將來可能遭遇到的麻煩或痛苦，從今天起，不適合吃或不能吃的食物就不要再讓狗兒吃下肚了！

# 為何狗兒總是狼吞虎嚥？

你家的狗兒在吃飯的時候，應該也是迫不及待地很快將所有碗中的食物吃乾舔淨吧？你是否也曾經阻止牠希望牠能夠細嚼慢嚥一點呢？狗兒狼吞虎嚥究竟有沒有關係呢？

## 肉食動物本能

雖然我們一般都說狗屬於雜食性，但真正說起來，狗基本上是比較偏肉食性的動物，你可以看看狗兒的嘴巴當中，用來撕裂獵物肉的犬齒一定會比磨碎食物用的臼齒發達，甚至可以說臼齒根本沒有幾顆，當牠們在原始環境中狩獵到各種小動物的時候，直接利用銳利的犬齒將動物的肉撕碎，而因為臼齒不發達，所以根本就沒有細細咀嚼的機會，食物就必須直接吞進肚裡，而狗的胃腸對未嚼碎的食物消化能力本來就比較強，因此也不會有因為不咀嚼直接吞下而導致消化不良的問題。

除此之外，在自然界中，當狗兒得到一個獵物之後，其實也會引來其他肉食動物的覬覦，為了不讓自己辛苦打到的獵物成為便宜了其他動物的盤中飧，狗兒也有必要在最短的時間內，將自己能夠吃下的量盡快吞進肚裡。

## 生存競爭本能

再者，若是幼犬的話，因為母狗一胎可能最多生到十幾隻小狗，但生完小狗之後並沒有辦法一一顧及每一隻小狗都有奶吃，因此小狗間為了生存就必須盡自己的能力去搶食，當好不容易吸到母乳的時候，就必須以最快的速度將奶水喝下肚，而當將來幼犬斷奶之後，依靠母親從外面帶回獵物的時候，也必須與其他幼犬爭食。

從上述的幾個理由可以發現，狗兒天生就是習慣於狼吞虎嚥的進食方式，不過看在許多飼主眼中卻十分不習慣，但狗兒的生理結構天生如此，所以飼主可以任由牠依照原始的本能進食，將來等牠漸漸長大，習慣了不需要與其他狗兒分食的時候，自然就會放慢進食的速度ㄌ！

# 食品的挑選原則

除了知道哪些食物是必須避免讓狗兒食用的之外，對於可食用的食物也必須知道如何挑選，才可以維持狗兒的身體健康喔！

## 如何挑選飼料

在前面的介紹中，我們已經提過該如何挑選飼料的廠牌，不過在選定廠牌及飼料的型號之後呢？

**一、挑選正確的的型號：**

除了要挑選好的品牌之外，每一個品牌的狗飼料都還會依照不同的年齡、體質、成分以及身體狀況（較大的廠牌都有許多的處方飼料）而有所區分，因此在選擇了一個正確的廠牌之後，還要依照你家狗兒的狀況挑選一個正確的飼料型號。

要挑選飼料的型號時，首先請依照你家狗兒的年齡決定應該購買「幼犬飼料」還是「成犬飼料」，兩者的差異在於幼犬飼料的營養成分大致上是成犬飼料的兩倍，因為唯有如此，幼犬飼料才足以供給小狗在生長、發育過程中對營養的大量需求。不過究竟成犬與幼犬的分界在哪？許多店家或獸醫可能都會以一個比較簡單的方式，也就是以一歲作為分界線，不過為了能讓你家的狗兒將來長得更強壯，發育得更完全，給你的建議是讓小狗吃幼犬飼料到牠一歲半時，然後再替換成成犬飼料，保證你家的小狗長大之後一定是一隻頭好壯壯的健康狗兒！

> 在幼犬與成犬飼料要交換的時候，給你一個建議，不要等到幼犬飼料完全吃光了才去購買新的成犬飼料，而應該在幼犬飼料還剩下一些的時候，就摻進些許的成犬飼料，然後逐步增加成犬飼料的比例，直到完全替換過來為止，這樣比較不會出現因更換飼料而腹瀉的狀況；另外，如果要更換其他品牌或者型號的時候，最好也能夠用相同的方式。

而無論是幼犬或成犬飼料，各家還會推出不同成分的品項，一般未特別註明的，通常採用牛肉及玉米粉作為主要的食材，另外還有雞肉成分，優點是採用白肉製成，但狗兒的排泄物氣味會比較重，或者是採用羊肉或羊肉加米的配方，這主要適合一些外來品種的狗兒，羊肉對容易皮膚過敏的狗比較有助益，而相較於玉米粉，米的萃取物則是一種不會引起狗兒出現過敏症狀的食材，但此類產品的缺點則是狗兒身上的異味將比較明顯。

**二、注意製造及保存期限：**

在飼料包裝上一定會有標示該產品的製造或保存期限，在購買時務必確認清楚，而如果購回飼料之後才發現已經超過期限，當然也一定要拿回店家要求退換，而若是開封後尚未吃完就已經超過保存期限，也一定不要再繼續餵你的狗兒。

一般來說，國內代理商為了節省運輸的費用及進貨成本，進口時通常都是選擇最大的包裝，而至於市售的小包裝飼料，則是在運抵國內後再自行分裝小包，但飼料在製造之後，會以氮氣填充在飼料袋中以利飼料保存，開封之後飼料當然會接觸到空氣，保存的期限一定會受影響而減少，所以如果你購買的不是最大的包裝，建議你在確認保存期限的時候要比包裝袋上標示的時間再酌減一點。

至於在選擇購買的容量時，最簡單的選擇方式就是小型犬購買小包裝（約2~3公斤），中型犬購買中包裝（約7.5~10公斤），大型犬購買大包裝（20公斤或以上），但因為越大包裝的飼料在單位價格上一定會越低，許多人就算飼養的是小型或中型犬，也會傾向購買大包裝，然而就如前述，飼料開封後容易變質，因此建議你要購買開封之後兩個月內狗兒能夠食用完畢的包裝，別為了貪圖一點價差而讓狗兒吃到可能已經變質的食物喔！

### 三、別擅自作主購買處方飼料

所謂的「處方飼料」指的是一些專門為身體有疾病的狗兒所設計的飼料，例如常見的有腎臟病、心臟病等的處方飼料。一般來說，處方飼料只有獸醫院可以販售，但有些店家透過一些特殊的關係或方法，也可能直接將處方飼料陳列販售，建議你千萬別自行購買此類飼料給狗兒食用，如果真的有身體上的疾病需要處方飼料，也一定要經由醫師診斷後再行購買。

## 如何挑選生鮮肉品

在此我們所謂的「生鮮肉品」，包含有狗罐頭、冷凍肉條等未經過乾燥處理的鮮肉產品，選購這類產品當然最重要的還是保存期限，而一般市售的狗罐頭幾乎都是在國內生產，相對之下一定會比較新鮮，不過某些廠牌的罐頭長期以來添加的鹽分及香料都太多，關於這個部分建議你可以向獸醫師詢問，或者在網路上與其他有經驗的飼主討論，購買時避免這些廠牌的產品即可。

雖然罐頭使用的材質比較不會出現生鏽的現象，但有時候我們還是會在市面上看到店家販賣的罐頭外觀上已經有些許的鐵鏽，如果你碰到這個狀況的話當然也要避免購買。

而依據以往的經驗，我們常會見到一些較不知名品牌的狗罐頭中添加一些較廉價的食材充數，例如豆子、豆皮，或是使用組合肉等方式，當然這樣其實是不會讓狗兒在食用後出問題，不過產品偷工減料的嫌疑相當大，如果有買到這類產品，將來請記得應該要拒絕再次購買。

在市面上有販售一款狗罐頭中含有較大比例的湯汁，這其實是在蒸煮肉類時所流出，其實就如同我們平常燉煮肉湯時的狀況一樣，其中包含了許多肉類的營養成分，營養價值其實是比較高的！

　　一般狗罐頭的材料不出牛、雞、羊等主要肉類，但如果是冷凍肉條的話，就可能有更多不同的食材選擇，在購買時要盡量避免一些可能會引起狗兒過敏反應的食材，例如魚肉、海鮮類就是常見的過敏來源。

## 如何挑選零食

　　挑選零食要注意的事項其實相當簡單，只要注意是否添加過多的鹽及調味料即可。

　　一般坊間販售的狗零食除了潔牙骨之類的以外，大多就是餅乾及肉片類了，而這類零食幾乎都不會對狗兒的健康造成什麼危害，要擔心的只是製造商是否為了增加口感及狗兒的接受度，而在零食中添加過多的鹽分及調味料，如果你將包裝拆開後立刻可以聞到撲鼻的香味，甚至聞到之後連你都會想要吃一口，這類產品大概都添加了過多的調味料，應該要避免讓狗兒食用，另外，在產品外包裝上標示的鹽（或標示氯化鈉）含量也是重要的依據，而當然其他飼主的口碑也可以是一個重要的參考依據！

## 如何挑選保健食品

　　除了一般的食品之外，你可能會在寵物店中看到五花八門的保健食品，不過關於這些可以促進狗兒健康的食物，因為種類太多了，而且幾乎隨時都有新的產品問世，我們實在無法一一列舉說明，而關於這個部分，給你的建議是直接詢問獸醫師，由他們依據專業的知識幫你把關，才是挑選的上上之策！

# 05 如何判定狗兒太胖或太瘦？

其實大多數的人對於判定狗兒是否太胖或太瘦，時常都抓不住一個準兒，但無論狗兒是太胖或太瘦，其實都不是一件好事，因此身為飼主，我們一定要知道如何研判，才能夠有個依據調整給狗兒的食物量，並進一步保持狗兒的健康！

　　對於狗飼主，尤其是新手而言，自己的狗兒是否太胖或太瘦時常都是一個難以拿捏的問題，當你把狗養得太胖的時候，當然會影響牠的身體健康，必須要控制牠的飲食並且適當地帶牠去做些運動，但如果太瘦，則可能食物供給不足，嚴重的話還可能有營養不良的問題等等。

　　但究竟自己的狗兒是否太胖或太瘦該如何判定呢？而且不同品種、體型的狗兒天生在胖瘦的標準上又都會有些不同，身為飼主的我們到底該怎麼來確認狗狗的身材是否適中，是否應該進行節食或增胖計畫呢？如果這個問題也困擾著你，就讓我來告訴你一個最簡單又最正確，而且任何品種、體型的狗都一體適用的判定方法吧！

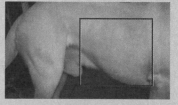

由狗兒的腹部來判定胖瘦最為精準。

　　判斷胖、瘦的部位是在狗兒的腹部，大約是在前、後兩腿之間的肋骨部分，如果你以肉眼觀察就能夠看到肋骨的形狀，也就是已經屬於「皮包骨」的情形時，表示你家的狗兒太瘦了，建議你增加每餐給牠的飼料分量，可以的話在飼料中再為牠添加一些營養補充品，例如前面提到的維生素、消化酵素等。

　　如果狗兒呈現「皮包骨」的狀況，但肚子的部分又異常地鼓脹，也可能是因為肚子內有太多的寄生蟲所致，此時建議你盡快帶牠至獸醫那進行檢查及除蟲。

　　而如果無法目視到肋骨的形狀，也先別高興得太早，接著請你用手觸摸腹部，如果此處的肋骨因為皮肉太厚而無法觸摸到，那表示狗兒太胖，應該要節食並且進行適當的運動，否則體重可能會壓垮狗兒的四肢骨骼，大型狗還可能出現髖關節病變！

　　所以簡單來說，要判斷狗兒的胖、瘦，最標準的狀態就是以肉眼目視狗兒的腹部不會看到肋骨，而用手觸摸時可以很容易碰觸到肋骨，這樣就是最穠纖合度的標準體態了！

## 06 與挑嘴狗的長期抗爭

我時常和朋友說，養到一隻愛吃狗最幸福，因為你只要利用食物就能夠很輕鬆地教導狗兒守規矩或者做出任何你希望牠做的動作。但如果你養到了一隻挑嘴狗的時候該怎麼辦呢？

如果你養了一隻挑食的狗，牠不會因為食物的誘惑而學習你要牠做的動作就算了，最嚴重的是會因為食物攝取不足而有營養不良或不均衡的問題，久而久之身體一定會出嚴重問題。

另外，如果狗兒之前已經習慣了與人一起進食，或是長時間撿拾人類剩菜、剩飯的流浪狗，各種人類的高鹽、高油、重口味食物對牠們來說早就習以為常，想要讓牠們戒口並回復到牠們應該吃的清淡食物，其實並不是一件容易的事情，但為了牠們的身體健康，建議你一定要做好長期抗戰的心理準備，當你在這場戰爭中獲得勝利的同時，也代表你家狗兒的身體將會更加健康！

各種重口味的人類食物對狗兒的身體健康都會造成嚴重危害，輕者掉毛、皮膚癢，重者造成器官的嚴重損害等！

### 原則一：堅持只餵食正確的食物

所謂「正確的食物」，除了排除前面單元中所提到不能吃的食物之外，在你進行狗兒矯正教育的期間，甚至應該將給予的食物限縮到只剩下飼料、狗罐頭（或冷凍肉條）及營養補充品，除了這些項目以外的任何食物，在這段期間內都應該嚴格禁止，否則只要讓接受教育的狗兒吃到其他的任何美味食物，你的教育過程就會前功盡棄。

優良的狗罐頭其實應該是淡而無味的，狗兒並不會因為吃了狗罐頭之後就會開始挑嘴。

### 原則二：時間一到就應將食物收起

挑嘴狗最常表現的就是在飼主給予飼料之後，對於這些食物不理不睬，因為對牠而言，牠期待的是更好吃的其他食物，例如你拿在手上吃的美味，或者是比飼料更可口的狗零食等，就算最後還是等不到這些好吃的，也還有碗裡面的飼料嘛，所以牠當然對你給牠的飼料沒有興趣囉。

而要改變牠的飲食習慣，你應該是在給予飼料之後，計算一定的時間，例如5或10分鐘，如果牠不吃，就將這些食物收起來，而且在下一餐的時間到之前，都不要給予狗兒任何食物，等到牠餓上幾回之後，牠就知道主人不可能會給牠任何其他的食物，能吃的就是只有飼料，而且如果給牠吃的時候不吃，只要超過時間就連這些飼料都沒得吃了，只要經過幾次餓肚子的經驗，牠就會乖乖就範了！

## 原則三：你才是狗兒的老大

在狗的社會階級關係中，只有上下的主從關係，沒有橫向的平輩關係，所以對牠來說，如果你不是牠的老大，那麼牠就認為自己是你的老大，為了你的教育目標能夠成功，你務必要在狗兒心中建立權威的地位，你要讓牠知道牠是沒有選擇的權力的，是你賞賜給牠東西吃，你要給牠吃什麼牠就得吃什麼，而不是可以向你討價還價，你給的食物牠不喜歡，對著你吠叫或者拉扯你的褲管，你就必須提供牠更美味的食物！對於你所給予的食物，牠就只有兩個選擇，一個就是乖乖吃下肚，第二個就是在下次給牠食物之前，忍受餓肚子的痛苦！

## 原則四：切記絕對不可心軟

看到狗兒施展苦肉計，不吃飼料餓肚子，然後對你做出一副牠很可憐的模樣，許多的飼土就完全沒有招架的餘地，而這也是多數失敗飼主無法成功矯正狗兒飲食習慣的最主要原因！

為了牠的身體健康，也為了能讓牠長命百歲，身為飼主的我們應該控制牠們的飲食，千萬不要因為牠不吃飼料，或者在你面前裝出一副很可憐的模樣，就將你手上或碗裡的食物交給牠，因為大快朵頤的結果，換來的只會是牠身體上不斷的病痛而已，相信這也不是你所樂見的！因此為了牠好，也為了你將來不必為牠傷心難過，最好的辦法就是吃了秤鉈鐵了心，只要狗兒不應該吃的食物，就堅持到底絕對不給牠！

## 原則五：矯正期間不可給予零食

一般來說，狗零食都會做的比狗飼料好吃，而我們的狗狗也會像小孩子一樣，當你給了牠好吃的零食之後，牠就不愛吃正餐了，而這個狀況在你想要矯正牠飲食習慣的期間會更明顯，如果狗兒已經抗拒吃下你餵食的飼料，此時若再給予比飼料香的零食，一來解決了牠感到飢餓的狀況，二來在牠心裡會覺得只要不吃飯，你就會給牠好吃的零食，牠當然會更加地變本加厲而不吃飼料了！因此請切記在這段期間，千萬不可再給予任何飼料以外的零食。

## 原則六：家人也必須有正確觀念

　　一般我們常遇見的狀況是飼主為了狗的健康，可以做到狠下心來與狗兒進行抗爭，但其他的家庭成員卻捨不得狗兒餓肚子，或者無法承受狗兒無辜的裝可憐眼神，因此破戒又讓狗兒吃一些牠不應該吃的好吃食物，因此，如果你希望能夠徹底地糾正挑嘴狗兒的壞習慣，與家人溝通正確的觀念是一定必要的，唯有全家人做法一致，矯正的行動才會成功！

　　要糾正挑嘴狗的壞習慣，唯一的成功法門就是全家人同心協力，並且一定要狠下心來與狗兒進行長期對抗，不過這可能也是最難做到的一點，許多飼主最後會失敗的癥結點，就是因為狠不下心，但如果你愛牠，你應該不願意見到牠因為吃了太多不該吃的食物，而導致身體出現各種不適的症狀吧？因此最後還是一句話，為了牠好也為了你好，矯正牠的飲食習慣千萬要堅持到底喔！

# 狗兒一天該吃多少？

許多人在剛開始養狗的時候常會搞不清楚究竟該多久餵一次，以及一次應該餵多少，所以關於這個部分，我們也在此為你做個説明！

## 每日標準食量

　　一隻狗每天需要的食物分量，大概與牠的整顆頭的大小差不多，所以你每天只需要以狗兒的頭做標準，大概給牠與頭的容量相當的食物即可。

## 每日進行的次數

　　前面提到了一隻狗每天應該要有的食物量，但是在不同的時期，狗兒會需要不同的進食頻率：

### 一、 初生兩個月之內：

　　在狗兒出生之後到滿兩個月，建議你以犬用代乳、泡水飼料及肉罐頭等比較軟且容易吸收的食物為主，而在這段期間之內，請以少量多餐的方式餵食，一天至少要進行四次的餵食。

### 二、 兩個月至一歲半之間：

　　這段時間屬於幼犬時期，但小狗在超過兩個月之後可以略微減少每天餵食的次數，並且將每次餵食的分量略微增加，一天只需要進行2~3次的餵食即可。

### 三、 一歲半以上的成犬時期：

　　當狗兒已經滿一歲半之後，狗兒的身體發育已經到達成熟，而且狗兒自身也會將進食次數降至一天一餐即可。

# 如何妥善保存開封後的飼料

飼料是狗兒每天都必須食用的，因此如何妥善保存飼料就相對地顯得重要。

飼料打從你開封的那一剎那，就會開始漸漸地腐壞，而一般來說，保存得好的話，飼料開封之後兩個月內都是沒有問題的；但如果開封後超過兩個月而沒有食用完畢，或者是保存不得法，飼料吃下去就可能會讓狗兒拉肚子甚至生病喔！

飼料袋都是以牛皮紙內再裹上一層防水薄膜包裝，雖然這樣的包裝可以有效地防止濕氣及水分進入飼料袋中，但只要飼料袋一開封，這個完整的防護就失效了，而且原本填充在包裝袋中的氮氣就會露出，水氣及氧氣就會加速食物腐壞。

## 飼料保鮮桶是必要的

為了能夠有效地保存開封後的飼料，許多寵物店都有販售飼料專用的保存桶，我認為這是一個相當理想的工具，而且有各種不同的容量，無論是多大包裝的飼料都能夠找到合適的保鮮桶，只是各家產品的價格差異極大，因此在選購時還是請多比較。

許多人可能會想到用一般市面在販售的塑膠收納箱來保存飼料，不過這類的收納箱的蓋子是沒有完全密合的，也就是說如果用來存放飼料，任何體型小一點的蟲子都能夠鑽得進去，久了就成為蟲窩了！

## 放飼料桶的位子也要慎選

其實狗兒是很聰明的，保鮮桶雖然都有封口用的卡榫，但是依據實際的經驗，許多狗兒很快就能夠學會如何將這個卡榫打開，所以就算已經使用了保鮮桶，也要盡量將保鮮桶放置在狗兒比較不容易碰得到的位子，以免輕輕鬆鬆就讓狗兒抱著飼料桶大快朵頤了！

另外，如果你並沒有購買保鮮桶，而只是將飼料袋封口而已，也請你要注意放置飼料袋的位置，因為不但狗兒有可能會想辦法破壞飼料袋而偷吃裡面的飼料，任何的小蟲子、蟑螂、老鼠等也都會覬覦美味的狗飼料；另外，遠離濕氣也是相當重要的。

# PART7
## 如何管教你的狗

想要養好一隻狗，絕對不只是讓牠吃飽喝足，再給牠一個遮風避雨的小窩就解決了的事情。既然牠要與你居住在一個屋簷下，牠就必須接受居住在人類環境中的一些基本規矩，而這就需要正確的教育方式才能夠達成，而當牠能夠接受你對牠的要求及約束之後，無論是對牠或對你而言，你們才能夠快樂地生活在一起喔！

教育狗狗也要做到賞罰分明。

# 教育狗時應有的原則

我相信有許多人非常愛他的狗兒,甚至將狗兒當成自己的子女般寵愛,這當然不是一件壞事,但狗與人在生理及心理上都有不少的差異,因此我們也不能完全用「人」的角度來看待狗,無論你多麼愛牠,你也不能將牠當成「人」,有些基本的原則及階級你一定要了解並堅持,否則不只是你的生活,就連你的狗兒的生活都會遇上一些不小的麻煩!

## 原則一:不可讓狗兒騎到你的頭上

在狗的社會階級觀念中,只有縱向的主從關係,沒有橫向的平等關係,換句話說,你與狗之間,只可能有主、從的關係,你要不就是牠的主人,要不牠就認為牠是你的主人,你千萬別期待你可以和狗兒之間建立「朋友」或「伙伴」的關係。

而因為這個緣故,所以你千萬不可以讓狗兒覺得牠的地位優於你,否則牠絕對不會服從你對牠要求的指令,更不會接受你對牠的任何教育,時間一久,你的狗兒就會變成一隻不聽指令,而且沒有家教的頑劣份子了!

## 原則二:建立你的權威地位

當家裡只要有任何一位成員太過於寵愛狗狗的時候,其實多半都會造成狗兒的被縱容,這其實並不是非常嚴重的問題,而且也是多數家庭養狗後實際上非常容易出現的狀況;但重要的是,在一個家庭中一定要有一位扮演黑臉的角色,必須讓狗兒會對牠感到敬畏,當這位具有權威地位的人對狗兒下達指令時,狗兒會接受並服從,否則最後也是養成一隻不聽話的壞狗狗!

> 另外有一點也很重要,當這位具有權威地位的人在教訓狗兒的時候,其他家庭內的成員千萬不可在這個時候出面「解救」,否則將來當狗兒被責罵、教育的時候,會將總是出面解救牠的人當成是靠山,以後養成習慣就再也無法教育牠了!

## 原則三:絕對不可對主人有攻擊行為

其實與前面所提到的兩個原則是相通的,無論如何,狗兒都不可以對自己的主人有任何攻擊的行為,就算只是吠叫都不該縱容。當狗兒有任何攻擊傾向的行為出現時,主人一定要喝止,不可讓牠肆無忌憚對主人做出無理或危險的動作。

而許多小狗在小時候會習慣啃咬主人,無論是手、腳或者是衣服,主人也應該在這類行為出現時,制止小狗的動作,這一方面是預防小狗將來習慣咬主人,二來也要避免咬人成為一種習慣動作而傷害其他人。

另外，如果你飼養的狗兒是大型犬，當你在牠們做出攻擊行為準備要制止時，一定要注意自身的安全，尤其是當牠們在生氣的時候很容易出現失控的狀況，如果有這類情況出現，無論你要做出任何動作都一定要稍微遠離狗兒身邊，以便在狗兒失控時也有個緩衝的空間，而比較容易讓你能夠做出保護自己的反應。

## 原則四：嚴格執行賞罰分明

你一定會為狗兒訂定許多規矩，例如不可以咬人、不可以翻垃圾桶、不可以吃別人給的食物，出門要走在你身邊等等，但是狗兒也一定時常會逾越你所定下的規矩，有的時候可能只是一些小事，你可能會想說「算了」，但這可能會養成牠苟且的心態，無論牠違反了你的任何規定，請你一定要有處罰的動作，有時候就算只是口頭上罵罵牠都夠了，你必須讓狗兒知道你對這些訂下的規矩是說一不二的！

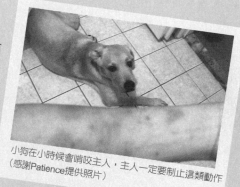
小狗在小時候會啃咬主人，主人一定要制止這類動作
（感謝Patience提供照片）

另一方面，如果牠做了任何服從的事情或動作，例如撿回你丟出的玩具、或者是等到你下達「吃」的指令才開始進食等，無論是多麼小的一件事情，你都應該對牠表示嘉獎，你可以給牠一片小零食、一片狗餅乾、一個熱情的擁抱，甚至只是摸摸牠的頭，然後用最簡單的方式告訴牠你是因為什麼事情獎勵牠，指著牠撿回的玩具，或者拿著牠的碗給牠看，牠就知道你是因為什麼而鼓勵牠，無論你的獎勵是多麼小的一個動作，都會讓牠感到高興及被肯定，牠下次就會樂於遵守你的規定或命令喔！

許多人會直覺認為黑臉與白臉的角色應該要不同人扮演比較好，其實這是沒有必要的，你要讓狗兒知道的只是做錯有處罰，做對有鼓勵就好，你會對牠嚴格也會疼愛牠其實並沒有衝突，如此牠就會謹守分際而且循規蹈矩了！

## 獎懲時的注意事項

在前面提到對狗狗適當的獎勵與懲罰都是必要的，可是獎懲也都必須適可而止，不當或過度的獎勵與懲罰對狗狗都會有不好的影響喔！

### 懲罰時可用的工具

懲罰狗兒還要用工具？懲罰狗兒的目的是讓狗兒遵守你給牠的規矩，需要使用工具並不是為了要讓牠痛讓牠受傷，而是要讓牠有所畏懼。而懲罰的時候，你可以用以下幾種工具：

**一、手：**

直接用手當然是最方便也最簡單的工具，你可以先以一隻手抓住狗的鼻子，然後用另一隻手以打耳光的方式拍打狗兒的臉頰，也就是耳朵下方、牙齒後面的位置，當你要打牠這個部位時，其實不用太大的力道，當牠看到你的動作時就會感到恐懼了，我認為這是一個最有效也最不傷害狗兒身體的好方法；不過如果你的狗兒不願意被抓住鼻子，或者會嘗試咬你的時候，當然要注意自身的安全而改用其他方式。

> 如果你要用手拍打狗兒臉頰的時候，請切記不可施以太大的力道，否則可能會打傷牠的眼睛或者造成腦震盪，另外，臉頰的部位除了用手輕打以外，千萬不可使用任何其他的工具。

**二、報紙捲：**

當你將報紙捲起之後，就成了一種打狗不會受傷，卻會發出很大聲音的好工具；只是如果你用這款工具來懲罰你的狗兒，請一定要記住，當你不在家的時候，一定要將報紙捲收藏好，否則等你回到家之後，應該就會看到狗兒已經將報紙捲分屍了！

**三、馬鞭：**

你可以在任何寵物店買到一種名為「馬鞭」的懲戒工具，雖然價格所費不貲，但是因為具有很強的韌性及彈性，因此是一種相當有效而且可以使用很久的好幫手。

### 可以懲罰的部位

雖然我認為對狗兒的體罰是可以的，不過若你真的要對狗兒進行體罰，也是有一定的學問的，並不是隨便朝牠的身體打下去就行了，因為這樣你很可能就造成了牠身體上的傷害。

體罰的重點是要讓狗兒會懾服於你的權威，並且遵守你的規定，我們並不需要造成狗兒的傷害，因此若要進行體罰也只能針對幾個比較不會受傷的部位：

**一、臉頰**：如前所述，你如果要打狗兒的臉頰，請先用一隻手將牠的鼻子抓住，然後用另一隻手輕拍牠耳朵下方、牙齒後面的位置，而且只能輕輕拍打，如果力道過猛，很容易打偏傷及眼睛，甚至造成腦震盪。

> 如果你要用手拍打狗兒臉頰的時候，請切記不可施以太大的力道，否則可能會打傷牠的眼睛或者造成腦震盪，另外，臉頰的部位除了用手輕打以外，千萬不可使用任何其他的工具。

**二、屁股**：此處所謂的「屁股」，應該是後腿大腿的最上部，此處的肉較厚，就如同人類的屁股一樣，打這個部位比較不可能受傷，但是卻會讓牠感到相當疼痛。

而依照我的經驗，除了上述的兩個部位之外，其他的任何位置都不要作為施行懲罰行為的目標，否則，你應該會在獸醫師的診所被痛罵一頓吧！

## 獎賞也要注意

講到獎賞狗兒，應該沒有什麼東西會比食物來得有效了！

你可以拿狗兒平常的飼料、零食作為獎勵狗兒的工具，不過在數量上還是要有所控制，否則一來可能容易造成狗兒肥胖，二來則可能讓狗兒不愛吃正餐，這兩種過與不及的狀況都是不好的。

另外，給你一個建議，你應該建立一個觀念，狗兒遵守你所給予的規定，或者依照你的口令完成某個動作，都是牠作為你的寵物應該做的事情，如果你因此給予牠某些獎勵，對牠來說都是一種賞賜而非義務，也就是說，你並不需要每次在牠完成動作或遵守規定時，都一定要給予獎勵，否則，將來牠可能會養成習慣，如果沒有獎品的時候，牠就不會服從命令或規定，這樣就變得有點本末倒置了！

# 如何養成正確的大小便習慣

無論是幼犬還是成犬，如何教導剛剛開始飼養的狗兒到正確的地點大小便，對新手飼主來說一向都是個頭痛又棘手的問題，其實只要用對方法，大小便的訓練也可以是輕鬆又簡單的，而且也可以縮短你所需要花費的時間喔！

## 教導大小便的幾個原則

時常有飼主因為教導大小便的問題來求助，我發現多數飼主都是因為沒有掌握一些重要的基本原則，才會導致教育失敗。

### 原則一：吃、喝、拉、灑、睡的位置要有適當安排

狗兒並不喜歡吃、喝、睡的位置與排泄的地方太過接近，狗兒生長到一定年齡之後，會對自己的排泄物相當排斥，你如果希望牠在某個位置上廁所，但是這個位置又離牠進食、喝水的位置很近，牠怎麼會願意接受？另外，狗兒在野生環境時，會盡量在遠離自己巢穴的位置大小便，以免因為氣味引來天敵導致殺身之禍，所以如果你想要教牠在一個離睡覺位置很近的地方大、小便，牠當然也是不會願意接受的！

### 原則二：多觀察狗兒的上廁所習慣

每一隻狗都會有各自不同的生活作息習慣，仔細的觀察將會讓你更容易找出一個合適的方法教導狗兒在正確位置上廁所，而所謂的生活習慣主要是關於狗兒排泄的習慣，你可以看看牠大多數會在什麼樣的時間或狀況下排便。舉例來說，我發現自己所飼養的拉布拉多都會在用餐完畢之後立刻大、小便，因此當我在教育牠的時候，只要掌握牠進食的時間，然後引誘牠到正確的位置排泄，這也讓我很容易就完成牠的大小便教育了！

### 原則三：必要時可使用現成的產品

其實寵物店都有販售許多種引誘或禁止狗兒大小便的產品，例如多種的嫌避劑及引便劑等，雖然說這些產品並不能保證一定成功，但是基本上都會有或多或少的幫助，也可以讓你的訓練程序節省較多的時間。

### 原則四：教導大小便必須是長期抗戰的

其實狗兒並不是不懂或者不願遵守你對牠的要求，但本能的反應與飼主的要求兩相掙扎之後，就可能衍生出一些脫序的行為，但既然你要讓牠加入你的生活，要強制牠改變一些天賦而來的本能行為，一定要經過長時間的對抗，我們當然不能否認有些狗只要教導幾分鐘就會從此遵守你的規矩，但多數的狗兒在大小便的這件事情上，都是需要經過長期糾正

才能步入正軌的，因此在你完成這個教育的程序之前，你只能對牠施以更多的愛心及耐心，才能夠讓牠融入與人類一同的生活。

## 在室內大小便的教育方法

### 方法一、鋪報紙

鋪報紙應該是訓練狗兒大、小便的方法中最常見的一種，當你依照前面所提到，觀察了狗兒上廁所的習慣之後，你就可以在牠準備要大、小便時，將牠引導甚至是直接抱至已經鋪好的報紙上，並控制讓牠不要離開報紙的範圍，並且持續到牠上完廁所。

接著你千萬別直接將沾有大小便的報紙丟棄，因為狗兒下次上廁所的時候，會尋找具有自己排泄物氣味的地方，因此在訓練的這段期間裡，建議你留下沾有尿液的報紙，你可以將這張報紙放至室外曬乾或風乾，至於大便則請直接清除，當牠下次要上廁所的時候，將這張留下的報紙鋪在底層，上面再墊上乾淨的其他報紙，狗兒在聞到自己的排泄物味道時，就會比較容易在這個位置上廁所了。

當有一天狗兒已經習慣了在報紙上大小便的時候，就無須再留下沾有尿液的舊報紙了。

### 方法二、讓狗兒在固定地點上廁所

除了報紙以外，也有不少飼主會訓練狗兒到陽台或廁所大小便，我認為這是一個比較好的方法，但也是一個訓練起來比較費時費工的方法，原因是在廁所或陽台大小便之後都可以直接沖洗，而且狗兒不會一定要有特定的物品才會上廁所，不過因為沒有一個象徵性的物品，比較難訓練狗兒。

如果你打算教導狗兒在室內排便、尿，只要在狗兒有上廁所的準備時，將牠移至定點，必要時可以在這個位置上安裝阻擋狗兒離開的裝置，例如鐵網或者嬰幼兒用的門檔。不過這樣的方式需要進行較長期間的教育，而且一般來說狗兒剛開始的時候都會排斥，且當你強制牠待在特定位置時牠也會與你抗爭而不進行排泄行為，飼主在教育的時候千萬別因此而氣餒，持之以恆一定會得到成功的。

## 在室外大小便的教育方法

基本上，如果你打算讓狗兒在戶外大小便，當然相對上問題會少得多，當狗兒到室外的時候，應該就會自行尋找適合上廁所的地點，但還是有一些環節必須注意：

一、請記得當你帶狗兒出門「方便」的時候，一定要攜帶清除狗兒糞便的用具，例如隨手攜帶衛生紙、塑膠袋、報紙、夾便器等，因為目前台北市已經開始取締未清除狗糞便

的飼主，為了避免被罰還是請你務必要在狗兒上完大號之後進行清理喔！而除了臺北市之外，相信各縣市都可能會陸續跟進，因此無論你住在那個城市，都請你展現你的公民水準與公德心，為狗兒清理牠的排泄物喔。

二、其次就是應該要盡量避免公狗養成占地盤的習慣，因為公狗都會以尿液作為標示地盤的手段，如果養成這樣的習慣，會因為保衛自己的地盤而在個性上變得較為凶猛且易怒，如果看到其他狗在自己認定的地盤裡撒野，就會展開攻擊，這將會造成飼主許多的困擾；因此當你發現狗兒會習慣在各個位置尿一點，而不是一次完成整個排尿的動作，或者公狗會抬腿小便的時候，都請你盡量制止牠的這種行為。

三、盡量讓狗聽得懂大小便的口令，因為這樣能夠讓你方便控制狗兒上廁所的時間及地點，許多人會嘗試以「便便」、「尿尿」等簡單的指令引導狗兒排泄，只要當狗兒知道這些指令的含意時，下次跟著主人一起出門時，主人只要下達指令狗兒就會進行大小便的行為，在教育上會比較方便。

# 教導狗狗做出特定動作

相信你一定看過別人命令自己的狗做出一些可愛或討喜的動作,例如握手、Give me 5、坐下、趴下等,而當你開始飼養狗兒的時候,一定也會打算進行一樣的教育,但應該要如何教導卻總覺得不得其門而入,在本單元,就和你分享幾個簡單的訓練方法與原則。

## 動作適可而止即可

所謂的「適可而止」,指的是教育狗兒的動作不必太多,因為畢竟你養狗兒並不是要打算將牠帶到馬戲團表演,太多無謂或沒有意義的動作對狗兒來說都只是學習的負擔,甚是會成為一種障礙,因此建議你只要教育狗兒一些能夠與你共同生活的基本動作即可,例如坐下(包含「坐好」的動作,以免狗兒罹患髖關節的病變)、等一下、停(或「不可以」)、握手、趴下等基本的動作,另外再加上一、兩個簡單又可以取悅人們的動作,例如握手、換手、Give me 5等等即可,時常有一些飼主會極盡所能地教導狗兒太多不具備任何意義,甚至會傷害狗兒身體健康的動作,例如裝死、兩腳站立等等,認為都是多餘的。

你想教狗狗的把戲,如果牠也覺得有趣就更好啦(感謝Patience提供照片)。

## 給牠最簡單的指令

縱使成犬就具備有大約與人類13歲小孩相近的智力,但是畢竟狗不會說人話,也無法學習聽、說人話,因此你別寄望牠能夠了解你霹靂啪啦跟牠講的一大段語言,要成功地教育牠,只要給牠最簡單的指令,而千萬不要給牠一串嘮嘮叨叨的話語。

## 為牠示範你想要的動作

因為狗兒聽不懂人話,當你第一次給牠命令的時候,牠怎麼能知道這個指令代表要做的是哪一個動作?因此除了給予最簡單的指令以外,你還要在下達指令之後為牠進行示範,而所謂的「示範」並不一定是要由你做給牠看,你也可以抓住牠的手、腳或身體,讓牠做出你要的動作,然後再一次下達指令,牠很快就會知道你的某一個指令代表著哪一個動作,或者是你也可以考慮自己做給牠看,狗的天性是服從的,而且狗的智力並不低,因此只要經過幾次簡單的示範,牠一定會懂得你要牠做出的究竟是怎麼樣的一個動作了。

### 用牠的最愛作為獎勵

　　大多數的狗兒最愛的就是好吃的食物，不過當然也有例外，有些狗兒甚至只要給牠一個摸摸頭的動作或者熱情的擁抱，都足以讓牠亢奮不已，而身為飼主，你一定知道什麼東西對牠來說是最有吸引力的，當牠接收你的指令並服從你的教導而完成你想要的動作之後，你一定要適時地給牠一些牠期待的獎勵。

　　不過當某一個動作已經教育完成並且實行一段日子之後，你就可以開始縮減給予的獎勵，畢竟狗兒應該要服從飼主的指令，無論完成了哪一個飼主所給予的要求，應該都是牠的義務。

# PART8
## 乾淨的狗最可愛

想要讓狗兒活得健健康康，平時養成良好的衛生習慣是很重要的，而且這也是一位好飼主所必須注意的環節。而接著在這個PART中，就要針對狗兒的內在與外在，為你說明有哪些必須要注意的衛生習慣喔！

洗得香香的狗狗，好感度倍增唷！

# 01 狗兒該用什麼洗澡？

時常可以在路邊看到有人拿人用的洗髮精給狗兒洗澡，甚至更誇張連洗碗的沙拉脫都有人拿給狗兒洗澡，但這樣對嗎？千萬別以為拿什麼給狗兒洗澡都無所謂，一個錯誤就可能造成狗兒的不適，甚至是皮膚的疾病喔！

## 請選擇專用洗毛精

許多人都不會特別在意拿什麼給狗兒洗澡，因此才會有前面提到拿人用洗髮精，甚至是沙拉脫的狀況，但如果你不希望你家的狗兒出現任何皮膚的問題或疾病，就請你一定要為狗兒選購一瓶專用的洗毛精。

人類皮膚的酸鹼值與狗兒絕對不同，適合人類使用的洗髮精、沐浴乳等清潔用品難道也會適合狗兒使用嗎？這答案當然是否定的，因此如果直接以人用洗毛精給狗兒洗澡，各種因為酸鹼值差異所引起的不舒服反應當然是免不了的。

狗兒專用的洗毛精。

其實在各寵物店都有販售狗專用的洗毛精，價格也不算貴，為了你家狗兒的健康著想，花個小錢購買一瓶就能夠讓你節省相當多的麻煩，也能讓狗兒在每次洗澡時除了可以香噴噴之外，更能夠洗得更健康喔！

## 勿選擇香味太重的洗毛精

許多飼主在挑選洗毛精的時候會以香味作為依據，不過一般來說，成分較天然的洗毛精比較不會有過度濃郁的香味，而如果是香味已經到了刺鼻的地步時，除了可以判定成分幾乎都是化學藥劑以外，對狗兒的毛皮很容易造成一些損害，例如刺激皮膚或是毛質乾燥等，因此建議飼主在選購時，應該要避免挑選一些味道太香的產品。

> 這並不代表有香味的洗毛精都是使用化學成分喔，但以化學成分製作的洗毛精通常香味較重且刺鼻。

另外，近來許多廠商都推出標榜天然植物成分的洗毛精，例如以燕麥、茶樹精油製作的，多數人使用之後的反應也都相當正面，這些也是你在購買時的一個不錯選擇。

## 特殊毛色的專用洗毛精

一般如果沒有特別標示哪一種毛色專用的，通常都是全犬用的洗毛精，而無論我們飼養的狗是哪一種毛色，平時都應該要使用這種全犬用的洗毛精。

然而某些有標示特定毛色專用的洗毛精呢？許多人剛開始養狗的時候都會弄錯，以為像瑪爾濟斯每次洗澡都應該使用「白毛專用」洗毛精，或者紅貴賓應該都使用「褐色毛」專用洗毛精等，這其實都是錯誤的觀念。正確的做法應該是無論哪種毛色的狗，平時都以「全犬用」洗毛精洗澡，特殊毛色的狗則每個月使用一次特殊毛色專用洗毛精，而且使用時也應該是在使用「全犬用」洗毛精之後，才用專用洗毛精在進行第二次清洗。

## 洗毛精的使用方法

也許是因為自己洗頭的習慣所導致，許多人在一開始幫狗兒洗澡的時候，也是直接將洗毛精往狗兒身上倒，然後再淋了一點水之後就開始刷洗，這其實是完全不對的！

### ★一定要先稀釋

要幫狗兒洗澡的時候，請千萬別直接將洗毛精往狗兒身上倒，正確的做法應該是另外拿一個軟質的塑膠容器，然後倒入溫水及洗毛精，而這兩者的比例則大約是10：1，接著將容器蓋上或鎖緊，再將容器用力搖晃以便讓溫水與洗毛精混合均勻，完成後才以此稀釋過的洗毛精水為狗兒洗澡。

不過因為稀釋多了一道手續，許多飼主或寵物店的美容師其實都會懶得進行這個程序而直接以未稀釋的洗毛精為狗兒洗澡，這樣很容易造成洗劑殘留在狗的皮膚上，產生不適的感覺，然後對洗毛精殘留的部位進行搔抓，最後造成紅腫甚至破皮、流血的症狀出現，這無論對飼主或狗兒都會是一個困擾，而且破皮的部位即使復原，也要經過數個月之後，該患部才能夠重新長出毛來。

所以，一定要提醒所有的讀者，無論你是為家裡的狗兒洗澡，還是有朝一日成為寵物美容師，都一定要先將洗毛精稀釋再開始為狗兒進行洗澡的動作喔！

## 幫狗兒洗澡的注意事項

如果沒有人告訴過你，相信多數的新手飼主都會覺得，幫狗兒洗澡不就是倒了洗毛精之後搓一搓然後再沖乾淨就好了嗎？說實話，還真的不是那麼一回事兒，想知道該怎麼幫狗兒洗澡嗎？那本單元你千萬不能錯過！

### 洗澡的方式

一、我們常看到許多人幫狗兒洗澡時都是很隨意地搓洗，不但不定向而且還常來回刷洗，這樣的清洗方式如果用在短毛狗身上可能還比較無所謂，但如果是長毛而且毛質較軟的狗，例如瑪爾濟斯、黃金獵犬等，洗完之後一定全身毛都會打結。幫狗兒洗澡的正確方式應該是順著毛的生長方向刷洗，也就是由根部刷向頂端的方向，而且不能來回也不能逆向刷洗。

二、必要時，可以購買一些輔助用的刷洗工具，但別使用人用的洗頭刷，這可說是完全不適合。狗兒的洗澡刷應該是以橡皮製作，上面有一些很短的小刺，可能是做成手套也可能是做成握式或戴式，以方便你幫愛犬洗澡。

### 洗澡的順序

一、**淋濕全身**：先將狗兒淋濕將有助於洗毛精發揮功用。

二、**背部**：幫狗兒洗澡的第一步就是從牠的背部開始，請將稀釋過的洗毛精水沿著背脊由頸部向尾巴淋在背上，然後再開始進行刷洗。

三、**尾巴及屁股**：許多狗兒不喜歡被人觸碰到他尾巴及屁股附近，因此在進行此處的清洗動作時請留意狗兒的反應，避免被狗兒攻擊而受傷。

四、**肛門腺**：狗兒的肛門腺是一個已經沒有需要但卻未退化的器官，若沒有定期清理，將會出現硬化結塊且有異味的症狀。一般的飼主都不知道如何清理肛門腺，請你先將狗兒的尾巴向上提起，然後使用拇指及食指壓住肛門下方大約四點鐘及八點鐘的位置，接著指尖施力向上及內擠壓，如此就會看到一些液狀的分泌物被擠出。

某些狗的肛門線分泌旺盛，輕輕一擠壓就會以噴射的方式排出，因此在清理的時候請勿讓狗兒的肛門正對你的臉或其他身體的任何部位，否則你一定會被噴到滿臉或全身都是具有惡臭的液體喔！

**五、兩側腹部**：清洗背部的時候，就會有一些洗毛精水順著身體向下流至兩側腹部，因此只要在淋上一點洗毛精水就可以開始搓洗了，而在清洗的時候也請記得不要遺漏了生殖器附近，這個部位是很容易藏污納垢的！

**六、四肢**：清洗四肢的時候，有兩個部位要特別注意，一個是腳底肉墊之間的縫隙，這裡因為時常會沾上一些髒東西，而且又容易被飼主忽略而沒有進行清理，因此許多狗兒的這個位置都會發出強烈的異味，另一個則是四肢與腹部間的腋下，這裡除了在洗澡過程中不要遺忘了之外，還要記得以清水沖洗的時候一定要徹底沖乾淨以免殘留洗毛精而造成皮膚不適！

**七、頸部**：某些狗的頸部因為皮脂層太厚，容易會有皮膚縐褶，因此也可能會殘留洗毛精而造成洗澡之後開始有搔癢的症狀，所以在清洗頸部的時候也要特別注意是否有將洗毛精沖洗乾淨！

**八、耳朵**：而且因為狗的耳道呈現L字形，你可以安心地幫狗兒清洗牠的耳朵而不用太擔心耳道進水。如果天生是垂耳的狗，請將牠的耳朵翻起，因為許多垂耳狗的耳朵內側容易因為高溫、潮濕而造成細菌繁殖，並在耳內出現污垢，如果有的話請記得一併清洗。

為狗兒清洗耳朵的時候，還要順便注意耳道內是否有污垢，只要已經是肉眼可以辨識的污垢，就表示可能已經有耳疥蟲或遭到細菌感染，必須馬上請求獸醫師處理。

**九、頭部**：相信大多數的讀者看到這裡一定滿腹疑問，直覺上都會認為頭部應該是要最早進行的部位，為什麼在此我們卻建議你要放到整個程序的最後呢？你必須知道，狗兒並不像人一樣知道在洗澡時應該將眼睛閉上，因此在洗澡的時候或多或少都會有洗毛精流入眼睛裡而造成不舒服，為了將不適減少至最低的程度，應該在最後才進行頭部的清洗，然後在刷洗完成後，立刻以清水沖洗整個頭部及眼睛。

**十、重複一次**：習慣上我們都會幫狗兒進行兩次的清洗程序，當你幫狗兒清洗了前面所提到的九個部位並以清水沖洗之後，應該要再一次重複相同的程序，然後才開始進行擦乾及烘乾。


## 如何把你的愛犬弄乾

要把一隻落水狗弄乾，其實大家都會，可是問題在於你能不能比其他人弄得更快、更省事呢？

★準備兩條的毛巾

　　首先你必須要準備兩條毛巾，一般家裡用的毛巾即可，當然，你也可以購買一般在寵物店販售的吸水毛巾，不過若以我經營寵物美容的經驗來說，建議你準備兩條一般的毛巾會比吸水毛巾更方便。

　　當你幫愛犬最後一次以清水沖洗乾淨之後，牠應該會自己開始將身上的水甩掉，接著你再雙手各拿一條毛巾（當然也可以用吸水毛巾），然後將毛巾蓋在要擦拭的位置，接著向著牠身體的方向擠壓，切記力道切勿過大，而且尤其不可以擦拭的方法進行，一定要用擠壓的動作進行。

★一邊吹風一邊順毛

　　等你以上述方式完成了之後，再拿出家用吹風機吹乾，而此時還需要準備一把寵物的針梳，一邊吹風一邊拿著針梳以拍打的方式順毛進行梳理，所謂的拍打方式是將針梳朝向身體的方向拍下，然後等針梳碰到毛皮的時候再以大約45度角的方向挑起；一般人拿起針梳之後都是直接從頭梳到尾，這樣將會造成狗的毛因拉扯而斷裂，而且針梳的頂端還是尖銳的，會因此刮傷狗的皮膚，所以使用時一定要用拍打的方式喔！

# 03 洗澡後該做的基本工作

洗完澡、吹乾了並不表示就一切搞定，因為還有一些其他部位需要一併進行後續的清潔工作，但這也是許多飼主所不了解而很容易忽略的！

### 剪指甲

　　狗專用的指甲剪是一定要具備的重要工具，另外，如果可以，建議你最好也購買一罐止血粉或止血膏，因為狗的指甲結構與人或其他動物都不同，狗的指甲中間仍然具有許多的血管，而且由外觀上無法讓我們判斷血管的範圍在哪裡，所以幫狗剪指甲的時候是非常容易流血的，止血粉及止血膏可以讓指甲的傷口快速乾燥並形成一層薄膜，以阻止指甲繼續流血。

當指甲長長時，血管的範圍還會隨之增加，因此常剪的指甲血管會比較短，如果你不幫狗兒經常性地修剪指甲，血管的長度就會越長，將來也會越難幫你的愛犬剪指甲。

狗的指甲會呈現兩種顏色。

　　指甲的長度該如何拿捏也是一個常有人在詢問的問題，不過因為不同的品種在腳部的結構也都有差異，因此在此也不能直接告訴你留多長，你在幫狗兒剪指甲的時候，可以有以下幾個判定的標準：

一、**指甲的顏色**：狗兒的指甲大致上會有兩層顏色，靠近指頭的這層顏色大致上就代表血管的位置，而較前端的另一層顏色就表示是可以剪掉的指甲。不過如果是深色指甲的狗，這個方法將無法使用。

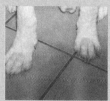
若走路或坐著時指甲已經明顯頂住地面就表示太長

二、**留下的指甲是否會成為走路的障礙**：如果你幫狗兒剪了指甲，但卻發現愛犬在走路時會發出指甲碰撞地板的聲音，或者走路或坐下時指甲已經明顯頂到地面，這就表示你留下的指甲太長了。

三、**是否會流血**：如果你幫狗兒剪指甲牠會流血，那麼無論牠的指甲是否過長，都應該要停止。前面提到，狗兒指甲中的血管會隨指甲而增長，如果你已經太久沒有幫愛犬剪指甲，你也只能逐漸幫牠將指甲修短，讓血管分布的範圍慢慢縮小，而不要一次就將指甲剪到底，這樣不但牠會疼痛，每一隻指甲都大量出血也將是一件危險且麻煩的事情！

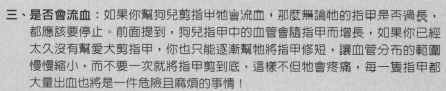

　　而既然幫狗兒剪指甲是很容易造成流血的，那麼前面提到的止血膏、止血粉該如何使用呢？如果你有止血膏、止血粉，當狗兒的指甲在流血時，請你先用一隻手的拇指及食指將流血的那支指甲用力捏緊，這樣會暫時停止血液流出，然後再將已經流出的血擦乾，接著在傷口的部分敷上止血膏或止血粉，如果使用的是止血膏，請你稍待片刻等到止血膏乾燥，如果是止血粉，則請將止血粉用力壓進指甲的傷口中，而接著傷口就不會再流血了！

當指甲長長時，血管的範圍還會隨之增加，因此常剪的指甲血管會比較短，如果你不幫狗兒經常性地修剪指甲，血管的長度就會越長，將來也會越難幫你的愛犬剪指甲。

## 剃腳底毛

　　你可以抓起狗兒的一隻腳看看腳底板的部分，在肉墊及肉墊之間的縫隙間會長出一些長毛，當狗兒在野外環境時，這些毛可以保護牠們不會被地表凍傷，但狗兒與人一起居住之後，這一層毛就容易造成在家裡地板上滑倒，甚至連坐著的時候腳都會不斷地滑動，因此最好可以幫狗剔除這個部分的毛。

位於肉墊與腳趾間的毛都應該要剔除。

　　如果你想要幫狗剔除腳底毛，當然也是一定要有工具的，在美容器材行或寵物店買到剪頭髮或剪毛用的剪刀都可以使用，不過最佳的工具則是寵物電剪，而這個工具也都可以洽詢各寵物店。

　　至於如何幫狗剃腳底毛呢，請你先看一下狗的腳底板，從狗兒的腳趾沿著隙縫向肉墊這段區域中的所有毛都應該要剔除。

## 清耳朵

　　在洗澡的時候我們已經幫狗狗將耳朵外部清洗乾淨，但耳道內也是相當容易藏污納垢的地方，要幫狗兒清潔耳朵請你準備棉花棒，或者你也可以到寵物店購買止血鉗，然後夾著一些醫療用的脫脂棉，接著再準備一瓶清耳液，將清耳液滴到棉花上之後，再伸入狗兒的耳道內進行清潔即可。

## 噴香水

　　許多人會喜歡在狗兒洗完澡之後噴上一些香水，而只要使用的是寵物專用的香水，其實也都沒有關係，讓狗兒香噴噴，主人也會很開心的！

不過在噴灑香水的時候，除了不要直接對著五官或頭部直接噴灑之外，還應該要稍微隔著一段距離，讓香水的噴霧緩緩落在愛犬的毛皮上即可。

### 洗完澡之後是否應該噴防蚤藥劑？

一般來說，除蚤藥劑會儲存在狗皮膚上的毛囊內，但其實這類藥品對狗兒的身體也是有一些小小的傷害的，如果在狗兒洗完澡之後，身上分泌的油脂完全清洗掉，如果再接觸到藥劑，因為缺乏油脂的保護，身體將會吸收更多有害身體的藥劑，當然是對狗兒有害的！因此為了狗兒的健康著想，若必須要噴灑藥劑的話，也請在洗澡後兩天，讓皮膚上的油脂重新分泌之後在進行噴灑。

# 該將狗兒送去寵物店美容嗎？

有些人習慣自己幫狗兒洗澡，有些人習慣將愛犬送至寵物店做寵物美容，更有很多人在這兩個方式之間不斷反覆思考，而不知道自己究竟該怎麼解決狗兒洗澡的問題。

## 送愛犬去美容的優點

其實兩種方式都各有其優缺點，首先我們看看送狗兒去寵物店進行寵物美容的優點為何：

**一、美容師的專業：**能成為一位合格的美容師，至少都要經過數個月以上的訓練，然後通過寵物美容單位的證照認證，因此在寵物洗澡、美容的技術上，一定可以值得我們信賴，且若你的愛犬有一些問題或疾病產生時，他們一定比你了解該如何應變。

**二、器材的便利：**要經營寵物美容，店內一定會具備夠大的寵物浴缸、大吹風機、吹水機、烘箱、剪刀、電剪、洗毛精、清耳液以及必備的藥品等，如果你只飼養一隻狗，相信你應該不太可能大費周章並且花費大筆金錢準備這些器材，若將你的愛犬送到寵物店，他們可以事半功倍的方式為你的愛犬完成洗澡、美容的程序。

## 送愛犬去美容的缺點

當然送狗兒去寵物店也不是完全沒有需要擔心的問題：

**一、愛犬離開主人的恐慌：**多數的狗兒在離開主人之後，或多或少都會感到恐懼，而且多數的狗兒其實是不喜歡洗澡的，當這兩個原因加總之後，可能會讓狗兒對洗澡這件事情更加抗拒。

**二、無法掌握狗兒是否會被虐待：**具備耐心的寵物美容師會循循善誘以便完成工作，但如果碰到的美容師並沒有這麼好的修養，就可能會以打、罵的方式對待你的愛犬，尤其是許多寵物店的美容室無法讓飼主一窺究竟，因此狗兒是否會遭受到虐待，飼主也會無法掌握。

## 信任專業、慎選優良店家

雖然送狗兒去寵物店進行美容或洗澡有利有弊，但對於多數

透明的美容室可以讓飼主安心。

忙碌的現在都會人來說，也是一個較能符合一般飼主需求的方式。

因此在你打算選擇一家寵物店為狗兒洗澡或美容的時候，多打聽多詢問其他人的經驗是一定要的，而如果美容室能夠透明公開也是一個較佳的選擇！

好的寵物店應該會讓狗兒不抗拒洗澡。

不過經營寵物美容的寵物店比比皆是，你該怎麼選擇一間好的寵物店？挑選一位專業又有愛心的美容師呢？就必須要從許多小地方做起，多和其他飼主交流彼此的經驗，或者上網查看寵物店是否具有好口碑，寵物店內的環境是否乾淨、衛生？美容師的技術是否純熟等，都是選擇時所必須注意的地方，。

## 05 如何保持口腔清潔

你是不是也因為狗狗的嘴巴很臭，或者牙齒上滿是牙垢而煩惱，其實關於口腔內的保健，並不是太過艱難的事情，只要能夠在平時養成好習慣，並且讓狗兒食用一些必要的食品，這些問題都可以很輕鬆地迎刃而解！

### 解決口臭問題

口臭問題對許多飼主來說都是一個不小的困擾，而且口臭的問題在幼犬時尤其嚴重，這是因為餵食代乳的關係。不過既然是幼犬時期，我們也不可能不餵食乳品。

而其實無論是成犬還是幼犬，如果你的愛犬一張開嘴就會散發出難聞的氣味，身為飼主的你可以考慮購買一些具備去除口臭功能的潔牙骨給你的愛犬。

葉綠素潔牙骨。

潔牙骨的種類很多，在此所謂可以去除口臭的是內含葉綠素或綠茶成分的潔牙骨產品，另外，近來某些廠牌還推出同時具有木糖醇成分的潔牙骨，對於去除口臭的效果會有更明顯的幫助喔！另外，這類潔牙骨食品都有一定的硬度，時常咀嚼對於幼犬換牙也有幫助，可謂一舉兩得。

不過因為許多狗兒，尤其是幼犬，習慣在進食的時候狼吞虎嚥而未多加咀嚼，這樣當然會降低潔牙骨除口臭的效果。

同時包含葉綠素及木糖醇的潔牙骨。

另外，口臭的原因也可能是因為牙齒上累積了太厚的牙垢所致，而關於牙垢的清除方式，我們會再接下來的篇幅中為你說明。

### 清除狗兒的牙垢

除非你的狗兒還是幼犬，否則只要將牠的嘴皮略向上翻，你就能夠看到牙齒上多多少少會累積黃色的牙垢，但這其實和人類的牙齒一樣是無法避免的，但因為人類可以自行進行刷牙的動作，而狗兒不會，因此一位好飼主就應該要幫狗兒清除或排除這類的狀況。

將嘴皮略向上翻就能看到狗兒牙齒上的牙垢。

**一、牛皮潔牙骨**：任何一間寵物店都一定有販售牛皮潔牙骨，這與前面提到的葉綠素潔牙骨功能不同，狗兒啃咬牛皮潔牙骨時唾液會軟化牛皮，接著狗兒在啃咬潔牙骨時會讓牙齒穿透牛皮，此時牙齒上的牙垢就會脫落並沾染到皮骨上，雖然清除牙垢的效果並

不能立竿見影，但如果讓啃咬牛皮潔牙骨成為一種習慣，就能夠積少成多地清除牙齒上的牙垢。

牛皮潔牙骨通常會做成兩種造型，一個是直條纏繞的麻花狀，一種是兩端打結的形式；另外，除了原味以外，潔牙骨還會有牛奶、薄荷及起司等口味，不過如果是要作為清潔牙齒功能的話，原味因為不添加任何香料，因此效果應該是最佳的，至於其他種類因為都添加了一些香料及色素，對牙齒保健來說當然沒有原味來得理想，除非你養了一隻挑嘴狗，否則購買時盡量以原味的為佳。

常見的麻花狀牛皮潔牙骨（此為一百支包裝）。

添加香料的打結潔牙骨。

二、潔牙片：相較於潔牙骨，潔牙片比較特殊的是只要放置在狗兒的舌頭上，狗兒就會自行以舔舐的方式，將能夠分解牙垢的成分塗抹至牙齒上，經過長期的使用，狗兒的牙垢就會減少相當多。

除了潔牙片以外，也有廠商推出潔牙膏，但除了外觀為膏狀以外，用法都與潔牙片相同。

冬蟲夏草潔牙片。

三、請獸醫進行洗牙：雖然前述的兩種產品都有潔牙的效果，但其實無論如何，一段時間之後狗兒的牙齒上還是會累積一些無法清除的牙垢，因此建議你每半年就應該帶你的愛犬到獸醫診所請獸醫師幫牠進行洗牙，不過因為不一定每一間獸醫診所都擁有洗牙機，因此如果你的狗兒需要進行洗牙的時候，請先與獸醫師接洽，確認是否能夠進行或者應該轉診給其他獸醫診所。

狗兒的洗牙與人類相同，都是以高壓水柱加上超音波進行，但因為許多狗聽到洗牙機器的聲音時會感到害怕及不安，因此基本上在進行洗牙的時候都會先進行麻醉，否則就是必須有飼主陪伴在旁適時地進行安撫。另外，要進行洗牙程序之前，狗兒最好能夠先禁食4個小時以上，以便在必要時可以直接進行麻醉。

## 06 照顧狗兒的皮膚

皮膚問題可說是讓每位飼主都感到頭痛的問題，無論是因為濕度、溫度、體質或者寄生蟲所產生，幾乎是每一隻狗都會遭遇的麻煩事；但其實只要主人稍加用心，這些皮膚上的問題都很容易就能夠避免並治癒喔！

### 黴菌

台灣屬亞熱帶氣候，終年高溫潮濕，某些來自較低溫或乾燥氣候的動物很難適應這樣的氣候，例如原生於高緯度寒帶氣候區的拉布拉多、哈士奇，或者原本來自西歐氣候區的雪納瑞等狗種，牠們在臺灣生活都相當的辛苦。高溫、潮濕的氣候最容易滋生的大概莫過於黴菌了，而且黴菌是種無法杜絕的微生物，治癒之後只要稍有不慎，無所不在的黴菌隨時都可能捲土重來，然後再次困擾你的狗兒。

黴菌好發於溫暖、潮濕的環境，感染黴菌之後，狗兒的皮膚上會出現許多灰或白色的皮屑，而且會出現不斷搔癢的狀況。要杜絕黴菌的問題，只要能夠改善環境，保持乾燥、通風，並且避免悶熱，必要時可能要使用除濕機或冷氣，如此就將有助於防治。

洗澡後沒有將狗兒的毛吹乾也是造成黴菌的一個常見原因，因此在洗澡時一定要確認狗兒的所有毛皮都已經吹乾，而如果無法自行完成吹乾的動作，建議你還是別省錢，將狗兒送去專業的寵物店處理吧！

如果你養的狗並不是台灣原生種的，或者原本的生活環境與台灣的環境完全相反，你就必須特別注意避免狗兒的皮膚上滋生黴菌，雖然黴菌並不是什麼很嚴重的問題，不過卻容易讓狗兒渾身搔癢不適，導致情緒不佳，甚至因為不斷抓癢而造成破皮、流血或發炎。

而除了保持生活環境的乾燥並控制溫度以外，如果你的狗兒目前正為黴菌所苦，或者皮膚時常會受到黴菌的感染，一般寵物店或獸醫診所還有販售一種由天然竹醋所製成的皮膚噴劑，對於撲滅微生物具有明顯的功效，使用時會散發一種類似烏梅的淡淡氣味，你可以考慮購買使用。

另外，讓你的愛犬多食用羊肉製成的食品（飼料、罐頭、肉類零食等），也能夠促進皮膚分泌較多的油脂，預防黴菌的滋生。

能有效對抗黴菌的
竹醋噴劑。

竹醋噴劑除了可以外用,還可直接摻入水中讓狗兒飲用,這樣還能達到消除口臭的效果。

## 濕疹

　　潮濕悶熱的環境,除了造成黴菌繁衍之外,最常見的就是濕疹了。濕疹的外觀與我們人類的青春痘很相似,成因則與嬰兒的尿布疹類似,主要都是因為皮膚長期處於悶熱、潮濕的狀態所致。

　　濕疹的嚴重程度與狗兒身上出現的痘子數量成正比,而想要解決濕疹的問題,保持乾燥、加強通風是不二法門,只要能夠讓狗兒的居住環境及皮膚保持乾爽,很快就能夠看到身上的紅疹消失了!

## 過敏

　　就如同人一樣,也有不少的狗兒是屬於過敏體質,而且可能的過敏原種類繁多,不同的狗都可能因為不同的原因而出現過敏症狀。

　　而如果狗兒過敏的症狀是出現在皮膚部位,最常見的原因都是因為食物的關係,可能是吃了不該吃的食物,也可能皮膚碰觸到一些會引發過敏反應的物質。狗兒的新陳代謝方式與人類不同,而在身體內有無法代謝的成分時,就可能會累積在皮膚下,然後就會刺激皮膚並出現搔癢的感覺。

　　另外,進口飼料常會添加玉米粉的成分,但這對某些狗兒來說卻是極容易造成過敏症狀的源頭,因此當你所飼養的狗兒出現皮膚的過敏症狀時,你還可以考慮將飼料更換成羊肉加米的配方,目前多數的飼料廠牌都有推出這類產品,食用之後對於皮膚容易出問題的狗兒都會有所助益,且會明顯改善皮膚上出現的不適症狀!

## 體外寄生蟲

　　我們已經在前面的篇幅中介紹過一些體外寄生蟲,而關於這類害蟲的預防,我們可以區分為以下幾種狀況:

**一、平時的預防:**一般來說,體外寄生蟲都是無法根治的問題,因此不可能因為今天的治療而得到永遠的安寧,所以各種預防的方法都是要持之以恆,終其一生都要隨時注意的。在平時,你可以讓愛犬固定配戴除蚤項圈,使用時要避免沾到水,而且因為效力

的期限關係，大約每三個月一定要進行更換，每一至兩個月使用一次撲殺體外寄生蟲的噴劑，居家環境也應該要定期使用抑制體外寄生蟲寄居、繁殖的藥品，以杜絕寄生蟲在你家裡滋生。

**二、如果已經發現寄生蟲：**建議你隨時翻開狗兒的毛，無論是哪一種體外寄生蟲，只要已經有了的話，用肉眼都能夠很容易地察覺，如果你已經發現愛犬身上出現體外寄生蟲，一定要立刻使用含磷成分的除蟲藥劑洗澡，然後在洗澡後的第二天再輔以使用除蟲噴劑。

### 除蚤噴劑與滴劑的差異

目前市面上在販售的除蚤藥品，一般都區分為噴劑與滴劑，不過多數的飼主都不清楚兩者的差異點為何，使用時又應該要選擇哪一種？

**一、噴劑：**一般來說，因為噴劑必須要噴灑到狗的全身，因此效果比較全面，不過因為噴灑之後還必須用手將藥劑均勻塗抹到皮膚上，會有致癌的可能性，因此多數的店家及飼主都比較不喜歡使用這種形式的產品。不過如果狗兒的身上出現疥癬蟲，就一定要使用噴劑才有效，另外，如果你也希望有比較全面的除蟲效果而選擇噴劑，請記得在購買時要向店家或獸醫師索取塑膠手套，以免因為要塗抹藥劑而導致致癌的可能性。

**二、滴劑：**使用滴劑時只要將藥劑沿著脊椎，從頸部滴至尾巴的部位即可，使用上較為方便，且不會沾到飼主的手上，所以目前是較多人使用的形式。不過就如前面提到，滴劑無法防制疥癬蟲，而且無法有最全面的效力，因此並不建議飼主選擇這種除蚤藥劑的形式。

# 07 如何降低排泄物的異味

無論是糞便還是尿液，狗的排泄物所發出的氣味時常讓飼主無法忍受，而如何以降低這些難聞的氣味，也是飼主常提出的問題，在這個單元中，就為你介紹幾個有用的方法。

如果想要降低糞便所發出的氣味，你可以在愛犬的食物中添加消化酵素，這些酵素到了狗的腸胃中會成為一種益菌，並且具有分解臭味的功能，因此一方面可以促進狗兒的消化、吸收能力，二方面又能減少排泄物的惡臭，可謂一舉兩得。

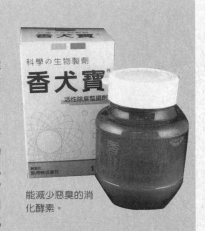

能減少惡臭的消化酵素。

而另外還有一種產品，完全是針對狗兒的排泄物惡臭所研發，名為「寵物消臭水」，你可以隨意在任何一間寵物店找得到這種產品，使用時只要以1：3的比例摻入狗兒的食用水中，就能夠達到消臭的目的，不過如果要時常飲用，所需的費用也是一筆不小的開銷，而且因為要加水稀釋，沒喝完的消臭水一定要以冷藏保存，使用上比較麻煩，至於是否購買餵食，就必須由飼主自行決定了。

寵物消臭水。

# PART9
## 開開心心遛狗去

狗與貓不同，幾乎沒有狗可以整天待在家裡而不外出，因此身為一位狗飼主，無論遠近，你幾乎天天都要帶著你的愛犬出門，因此為狗兒做好出門的準備是一定必要的！

帶愛犬散步是一定要的啦！

Part 09

開開心心遛狗去

## 挑選合適的牽繩

要帶狗兒出門，無論你要去遠方或者只是在住家附近閒晃，依照政府的規定，你一定要將狗兒牽住，因此牽繩就是一定要準備的。不過該如何挑選合適的牽繩呢？

胸背帶及牽繩。

首先我們必須了解牽繩的形式，基本上目前市面上在販售的牽繩有區分為戴在脖子上及穿在胸口的，前者我們稱為「頸圈」，後者稱為「胸背帶」，而無論是「頸圈」或者是「胸背帶」，都只是用來固定在狗兒身上的，你都不能直接透過這兩種裝備來牽住你的愛犬，因此除了這兩者以外，你還需要準備一條「拉繩」，「拉繩」的一端固定在「頸圈」或「胸背帶」上，另一端則是讓你牽著，而在本書中，我們通稱這些產品為「牽繩」。

一般都是將這三者分別販售，不過也有少數產品會同時包含「拉繩」與「頸圈」，或者「拉繩」與「胸背帶」。

頸圈。

了解了這項產品的結構之後，我們該如何挑選一個合適的牽繩呢？首先建議你注意產品的材質，你在購買的時候應該先檢查牽繩的材質是否能夠承受狗兒的蠻力，因為許多時候狗兒會興奮地想要向前衝，此時你就必須藉由牽繩阻止牠的動作，如果牽繩的材質太差，無法控制住想要狂奔的狗兒，結果就是牽繩應聲而斷，你的愛犬就可能因失去控制而有受傷的危險。

目前坊間有許多低價的牽繩在架上販售，一組拉繩加上頸圈或胸背帶只賣不到台幣100元，但如果你的狗兒會有暴衝的習慣，這類產品就一定不適合你使用喔！

再者還要檢查牽繩的材質是否會太過堅硬，或者邊緣是否會刮傷狗兒的皮膚。許多做工粗糙的產品將會在行進時不斷地刺激狗兒的皮膚，讓狗兒感到不舒適，使用久了也會造成狗兒皮膚上的傷害。

至於頸圈及胸背帶的尺寸，則是必須依照愛犬的體型決定，當頸圈或胸背帶穿在狗兒的身上時，背帶與身體間的空隙應該要讓你能夠輕鬆地將手指插入，如果太鬆或太緊時，應該先試著調整，但若仍無法調整到適當的寬度，建議你就要更換更為合適的產品了。

另外，對於某些大型犬的幼犬來說，因為發育的速度相當快，小時候購買的牽繩很快就會不敷使用，但請你千萬不要為了省錢，就在小時候購買太大的頸圈、胸背帶，或者是當狗兒長大後仍使用小時候的牽繩，只要產品不適合狗兒繼續使用時，就應該要立刻更換。

## 02 狗兒外出時必須遵守的規定與原則

遛狗並不僅僅是帶狗兒出門跑跑跳跳這麼簡單，遛狗時有許多的規定及原則是飼主必須遵守或者注意的，當你了解這些規定或原則之後，除了能夠避免遭受政府單位的處罰之外，也會是一種現代國民具有公德心的表現喔！

### 飼主必須清理狗的排泄物

依據「廢棄物清理法」的規定，「家畜或家禽在道路或其他公共場所便溺者，由所有人或管理人清除」。因此當你帶著愛犬出門時，你當然有義務幫愛犬清理排泄物。

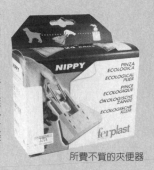
所費不貲的夾便器

而國內各級政府中，台北市已經在民國95年5月1日起強制執行此規定，由台北市各區清潔隊結合環保義工及環境巡守志工，推動「狗便隨手清、北市亮晶晶」的宣導及稽查取締計畫，如果被發現飼主在遛狗時沒有隨手清理狗糞便之飼主，將會依照該法條規定，處以新台幣1,200至6,000元的罰款。

而就算你並非居住在台北市，其實身為一個現代國民，也應該秉持著公德心順手清理愛犬的排泄物，以免造成他人的困擾並破壞環境的清潔。

關於清除狗排泄物，在許多寵物店都有販售一種「夾便器」，可以讓飼主在不弄髒手的前提下輕鬆清理狗兒的排泄物，不過畢竟這類產品的價格不斐，給你一個建議，你只要購買一般常用的PE塑膠袋，要清理時只要將手套入塑膠袋中，然後直接抓取地上的狗糞即可，不但方便，而且所需的花費更少。

另外，其實飼主也應該注意狗的尿液，因為其實狗尿液也有強烈的惡臭氣味，為了不影響其他民眾的權益，建議你在帶狗出門時也隨身攜帶一瓶清水，以便在狗兒小便時可以將尿液沖散，減少尿液的刺鼻惡臭。

### 寵物可否進入公園

一般來說，為了維護環境整潔與衛生，各種公共場合幾乎都是禁止寵物進入的，不過許多人都習慣了帶狗進入公園散步，只是實際上關於帶寵物進入公園基本上也都是法規所禁止的，只是雖然有禁止的規定，實際上卻沒有罰則，因此縱使禁止寵物進入公園，但就算

你帶著寵物大搖大擺地進去，政府機關也是無法處罰的。

早期就連導盲犬都禁止進入公共場所，但隨著近年來國人的知識水準提升，目前導盲犬幾乎已經可以進入任何地方了！

在此也不是鼓吹所有的讀者違反規定帶寵物進入公園，因為畢竟法規有所規定，縱使不會受到處罰，守法卻是法治國家國民的義務，因此奉勸飼主們還是不要輕易地以身試法。不過在民國94年時，台北市政府已經表示將會研擬有限制地開放寵物進入台北市的公園，不過前提是將會在公園入口處設圖文告示牌，規範狗必須戴口罩、主人必須清理糞便等，而這些規定已經經過台北市議會通過，並已送交行政院備查，只要審核通過，台北市的公園就會開始讓寵物進入了。

至於其他縣市，則並未有對開放寵物進入公園的動作，因此居住於其他縣市的飼主就可能無法像台北市的居民般帶著愛犬進入公園了。

但除了一般的公園以外，其實已經有一座是專門設計並開放給寵物的寵物公園了，也就是位於台北市基隆河畔（基六號疏散門）的「迎風運動公園」，而這座公園已經於民國95年5月20日開放使用。「迎風運動公園」是全國首座免繫狗鏈的狗運動公園，不過台北市動物衛生檢驗所對待寵物入園訂定了「公園使用注意事項」，明確規定了禁止飲食、餵食、不得帶發情母犬入園等，但只要遵守這些原則，所有的飼主就都可以光明正大地帶著你的愛犬來此遊玩了！

## 行進間狗兒不可超越飼主

如果你曾經在街上看過一群野狗，請你試著想想牠們在行進時是呈現怎麼樣的一個隊形？基本上當一群狗同時行動時，這群狗都會呈現一個扇形的隊伍，也就是一定會有一隻狗領袖走在隊伍的前方，以一種帶領的形式引著其他的狗兒。

前面提到過，在狗的社會階級中，只有上與下之間的主從關係，所以在狗的心中，如果牠不自認是你的主人，就是牠會屈服於你而承認你是牠的主人。回到剛才提到的現象，如果你在帶著愛犬出門的時候，放縱牠走在你前面，牠就會認為是牠在引領你，而不會認為你是牠的主人，因此你千萬不可讓狗兒走在你的前面。

平常我們時常會看到飼主在遛狗的時候將牽繩放長，認為這樣可以給狗較大的活動空間，但這樣其實是不對的，在購買牽繩的時候，牽繩的長度應該就是能夠限制狗兒待在你身邊，而如果使用的是可以縮放的牽繩，也應該是放出相同的長度，而如果狗兒嘗試要超越你的位置向前走時，你也應該口頭斥責，並給予例如「在我旁邊」的指令，然後拉緊牽繩不要讓狗兒超越你的位置，但如果你的狗兒比較衝動，或者在行進時會因為某些原因而

不顧一切地向前衝時,你可能就必須使用「P字鍊」類型的頸圈,當狗想要超越你的時候,你只要用力拉緊牽繩,就能束緊狗的頸部而讓牠無法呼吸,如此牠就會被迫停下牠的動作,而達到讓牠停留在你身邊的目的。

## 進入寵物餐廳的禮儀

顧名思義,寵物餐廳就是可以帶著寵物進入,甚至是會準備寵物餐點的餐廳。

當你帶著狗進入寵物餐廳時,你的愛犬無可避免地一定會見到其他的寵物,因此興奮或者本能的追逐反應都是可以預期的,不過這樣時常會因為不同的體型或不同種類的寵物(例如貓與狗)差異而導致混亂甚至受傷的情況發生,但寵物闖的禍當然是由飼主來承擔,別以為到了寵物餐廳就可以放縱你的狗兒在這裡盡情地奔跑、嬉戲,除非是有允許寵物任意奔跑、玩樂的空間,而且你能夠確定你的狗兒不會對其他寵物有攻擊行為,而相對地別人的寵物也不會來攻擊你的愛犬,你才能夠放開牠的枷鎖任由牠開心地玩樂喔!

另外,許多狗兒看到食物總是無法忍耐地立刻撲上去大快朵頤,如果你的愛犬有這樣的毛病,你當然也要看緊牠,避免牠衝去搶食其他狗兒或飼主的食物喔!

# 狗兒可以搭乘的交通工具

關於狗可以搭乘哪些交通工具，也是一個時常被提出討論的問題。雖然台灣不算是很大，不過隨便跨過一個縣市也都是個不短的距離，因此當飼主有需要帶狗兒出門時，究竟有哪些交通工具可以選擇就變得相對重要了。

## 客運汽車：

客運車應該是日常生活中最常使用的交通工具了，不過目前現行規定對於寵物上車都還是採取比較不友善的態度：

汽車運輸業管理規則第72條規定：「下列物品，公路及市區汽車客運業應予拒絕攜帶或運送。」而其中的第五項及第六項分別為「厭惡品」、「不適宜隨客車運送之動物類。但視障者攜帶之導盲犬不在此限」，而大多數的客運業者就依據這兩項條文，禁止乘客攜帶寵物上車。

目前各縣市的市區客運幾乎都是以禁止寵物上車為原則，因此想要在市區內搭乘客運公車應該都是不可能的事情，唯一可行的方式就是招計程車了，不過如果想要以計程車載運寵物，請記得要先與司機或計程車行溝通，以免因此產生糾紛。

另外，如果是打算搭乘國道客運，目前只有統聯客運有明文公布可以攜帶寵物搭乘，詳情可上「http://www.ubus.com.tw/FAQ/faq.asp」網址查看。

飼主其實也可以向各家民營的國道客運業者（也就是俗稱的「野雞車」）洽詢，因為各家對於寵物是否可以上車並沒有統一的規定，如果業者願意，你就能夠攜帶寵物上車了，只是一般來說這些業者都不是合法經營，安全問題值得考慮。

## 台北捷運：

台北捷運可說是大台北地區民眾相當熟悉的一種運輸模式，不過若依據現行的旅客須知規定：「捷運範圍內不得攜帶禽畜進入。但警犬、導盲犬、專業訓練人員於執行訓練時帶同之導盲幼犬、裝於寵物箱之犬、貓、裝於小籠之鳥類及盛於小容器中之魚介蝦等不在此限。」也就是說基本上是禁止寵物進入的，但如果能夠裝於運輸籠就是可以被允許的。

## 鐵路運輸：

台鐵對於寵物隨乘客搭乘也有相關的規定，依據台灣鐵路局表示：「一、本局禁止旅客攜帶動物搭乘對號列車（含電車），旨在維護車廂環境品質及避免動物之叫聲與異味影響

其他旅客之安寧與車廂環境衛生。二、旅客如搭乘本局普快列車時，如將寵物裝於小籠或容器，且包裝完固、無糞便漏出，重量2公斤以下者，可（免費）隨身攜帶。但搭乘電車、復興號以上空調列車，則一律禁止旅客攜帶動物乘車。」

也就是說，寵物只能隨飼主搭乘普通車，而且是不需要支付費用，然而前提是必須重量在2公斤以下，且經過完整的包裝，至於對號列車則一律禁止搭乘。

如果你並不堅持愛犬一定要跟隨在你身邊，台鐵也有針對寵物開辦托運服務，只要寵物加上運輸籠的重量在20公斤以下，就可以選擇辦理「自強號快遞業務」，飼主可選擇搭乘辦理快遞業務之自強號班次，憑乘車票至行李房辦理「寵物」託運事宜。台鐵會負責寵物的裝卸工作，到達目的地後洽當地行李房即可領取寵物。

目前開放寵物托運的有以下車站：花蓮、宜蘭、台北、桃園、中壢、新竹、苗栗、台中、彰化、斗六、嘉義、台南、高雄等十三車站行李房。至於車次及時刻則可以向台鐵運務處營業科洽詢，電話為：(02)2389-9540。

至於高鐵則規定不得攜帶動物進入，但如有不妨礙其他旅客且裝於包裝完整無糞便漏出容器之犬、貓、鳥或魚蝦類，以及執行任務的警犬、導盲犬則不在此限。

## 國內航空：

基本上國內航空公司都允許寵物登機，不過不得與飼主一同進入機艙，而是以貨物托運的模式進行，也就是都要裝進合格的運輸籠中，並與其他隨機貨物一起放置在貨艙中。

每一家航空公司對於寵物托運的收費都有不同的規定，因此我們也無法在此為你一一詳述，當你有攜帶寵物坐飛機的需求時，唯一的方式就是先向航空公司洽詢，確認攜帶的方式，以及需要支付的費用等問題。

# 狗兒走失了怎麼辦？

因為主人疏失而造成狗兒走失的情況時有所聞，如果有朝一日這件事情也發生在你身上時請先不要驚慌，因為其實是有一些管道可以協助我們嘗試找回走失愛犬的！

### 透過植入的晶片尋找

如果你在開始飼養的時候就已經讓愛犬植入晶片，並且完成了後續的所有登記程序，當愛犬走失的時候，你可以到行政院農委會的「寵物登記管理資訊網」網站，透過輸入晶片號碼的方式進行查詢，如果你走失的狗兒被人撿到並送去獸醫診所掃描晶片，或者經過政府單位捕獲，你就可以在這個網站上找到你的愛犬了！

### 為何植了晶片卻仍找不回走失愛犬？

寵物犬強制植入晶片的政策已經推行許久，許多飼主們認為只要有植入晶片並申報犬籍，當狗兒走失的時候就一定找得回來，但自犬籍登記制度實施以來，仍有許多已植晶片的犬隻找不回來，原因為何呢？

其實會造成這樣的情況主要有幾個原因：

一、拾獲者逕自收養或者送給他人。

二、被故意侵占或竊取。

三、拾獲者帶去獸醫診所掃描晶片時，因為植入的晶片與診所使用的廠牌不同，因此即使進行掃描也無法找到相關資料。

### 請村里長協尋廣播

目前各縣市村里都已經添設了廣播系統，狗兒如果是在自家附近走失，在案件剛發生時，其實也可以立刻就近向村里長請求進行廣播，走失案件只要能夠掌握案發的第一時間，找回的機率算是相當高的！

### 請求附近寵物店、獸醫協尋

對於一般無法在家養狗，或者不知道拾獲狗兒時該怎麼處理的民眾而言，當他們在街上撿到一隻走失的狗，最直接的想法就是將狗帶至最近的寵物店或獸醫診所，以尋求比較專業的協尋。因此如果你的狗兒走失了，你也可以先向附近的寵物店、獸醫診所洽詢，看看是否有人將撿到的狗送到他們這裡。

### 至各寵物網站請求協尋

國內較具規模的一些寵物網站或討論區，都設有關於走失寵物協尋的討論版，當狗兒走

失的時候，請你自行準備狗兒照片的電子檔以及相關資料，再附上你的聯絡方式到各網站上刊登尋狗啟事，各地熱心的愛狗人士就會幫你進行協尋了！

以下列出一些較著名，且提供狗走失協尋討論區的網站及其網址：

一、犬髖關節狗友會：http://www.dogchd.net/viewforum.php?f=12

二、沛鍊寵物線上生活資訊網：http://www.petline.com.tw/ps/

三、Petshop 寵物網討論區：http://www.petshop.com.tw/phpBB2/viewforum.php?f=13

四、petworld 寵物世界（需註冊才能進入討論區）：
　　http://www.petworld.com.tw/dog/

五、Rose's 流浪動物花園論壇：
　　http://www.doghome.idv.tw/phpbb2/viewforum.php?f=16

六、貓狗遊樂園論壇http://petszone.dyndns.org/phpbb/viewforum.php?f=22&sid=235fca
　　8372709798deb6b579b0b62b1b

七、寶島動物園（台中世聯會）：http://forum.lovedog.org.tw/phpbb/viewforum.php?f=
　　7&sid=57e711d0edb6f16329e7087948ff06b4

八、搜狗網：http://www.search9.org/phpBB2/

九、桃園縣推廣動物保護協會討論區：
http://www.tyacad.org/phpbb2/viewforum.php?f=5

## 聯絡該地收容中心

有些狗兒走失之後，可能會被捕獲或者送至該地的收容中心，以下列出的是較有規模的收容中心聯絡方式，如果哪天有需要時你可以與他們聯絡：

一、北部：
　　基隆寵物銀行 大華三路45-10號 （02）2420-1122轉275
　　汐止市收容所 （02）643-0403
　　台北市動物之家 （02）2791-1817
　　內湖收容所 （02）8791-3255
　　北市世聯會 （02）2365-0923
　　流浪動物之家基金會 （02）2945-2958
　　棄犬防虐協會 （02）2251-0735 （02）2331-9152
　　關懷生命協會 （02）2753-4922 （02）2578-4742
　　三重市收容所 （02）2985-3122
　　新店清潔隊 （02）2214-2937
　　板橋家畜防治所 （02）2959-6353
　　樹林市收容所 （02）2687-4446
　　鶯歌收容所 （02）2678-0217
　　桃園市公立收容所 （02）332-2983 / 0937-946-506
　　桃園虎頭山頂收容所 0937-946-506 楊先生

八德市收容所 （03）363-2415 / （03）366-8734
新竹紅項圈 （053）641-311
新竹市保護動物協會 （035）170-305 0935-211-185
宜蘭家畜防治所 （039）601-273

## 二、中部：
苗栗家畜防治所 （037）320-049
台中世界聯合保護 （04）2372-4943
台中家畜防治所（04）2526-3644
台中動物防疫所（04）2386-9420
彰化家畜防治所（04）762-0774
南投家畜防治所（049）222-5440
雲林家畜防治所 （05）532-2905
嘉義縣家畜防治所（05）362-0027

## 三、南部：
台南縣流浪動物保護之家 （06）583-2399
台南家畜防治所（06）632-3039
台南流浪動物之家（06）585-0838
動物中途之家 （06）296-4439
統友流浪狗之家 （06）223-0098 （06）291-3606
高雄流浪動物保育 （07）715-1775
高雄市關懷流浪動物 （07）224-4492
高雄家畜防治所（07）551-9059
高雄世界權益促進會 （07）350-6700
高雄家畜檢驗所（07）223-7213
屏東家畜防治所（08）722-4109
愛鄉協會 （08）738-5466 （08）738-5469

## 四、東部：
花蓮縣保護動物協會 （038）515-875
花蓮 （038）227-431
台東（08）933-1681

## 五、外島：
澎湖縣棄犬救助協會 （06）926-2311 / 0939-655-710

# 怎麼帶狗兒出、入境？

如果因為旅遊或移民的原因，想要帶著狗兒與你一同到其他國家或地區，你必須在行前完成本單元所提到的程序，並且準備各項相關的證明文件，否則你的愛犬是可能會被扣押在海關的喔！

## 出國時的程序

### 一、必須完成狂犬病疫苗注射：

　　無論你的愛犬上一次是在何時注射狂犬病疫苗，你準備出國的日期必須是在接種狂犬病疫苗後滿一個月且不滿一年之間，如果出國的日期是在注射狂犬病疫苗未滿一個月的期間內，你將無法帶著狗兒出國，但如果上一次注射的日期已經超過一年，則需要重新接種（但仍須接種後滿一個月才能出國）。

　　但如果是幼犬，還必須滿3個月大，且已經完成幼犬應有的各種預防注射接種，才能夠注射狂犬病疫苗。

### 二、注射綜合疫苗：

　　雖然不是每一個國家都會要求注射綜合疫苗，但是前面我們提到過應該定期為狗兒接種，所以這個部分其實是不需要擔心的。

### 三、要出國的狗還必須植有晶片：

　　狗兒出國前，還必須已經在身上植入晶片，而且必須在農委會的「http://www.pet.gov.tw/」網站上完成登記。

　　若為幼犬，則必須要在滿4個月後才能植入晶片並完成寵物身分登記。

### 四、必須具備上述條件的證明文件：

　　除了完成上述三項程序之外，你還必須請承辦的獸醫診所開立證明，而且由哪一家獸醫診所注射、植入，就必須由哪一家開立證明。

　　當然你還必須確認該寵物診所是領有合法執照，並在政府機關登記有案的合格獸醫師執業喔！

### 五、向目的地國家申請：

前面提到的基本程序已經符合大多數國家對動物申請入境的規定，因此在完成之後，就可以向要去的目的地國家進行輸入申請了！

### 六、一些有特殊規定的國家：

**★中國大陸：**

帶寵物進入中國大陸也必須完成狂犬病疫苗及綜合疫苗注射，而且也必須植入晶片，疫苗注射滿一個月之後，備妥台胞證、護照影本就能夠帶你的愛犬入境，不過入境後必須留置檢疫30天。

**★歐盟各國：**

歐盟各國要求入境的狗兒必須要完成狂犬病疫苗、綜合疫苗接種，並且植入晶片，而且比較特殊的，是在入境時還要服用體內寄生蟲口服藥劑，並噴灑體外寄生蟲噴劑，而如果在國內已經完成這兩項程序，則要請獸醫師開立證明，並載明藥劑的批號及施行日期，完成後才能夠申請輸入許可證，而且除了英國之外，申請進入歐盟的寵物犬可以隨飼主同一班機攜帶，不需要另以托運方式帶入。

而在所有的歐盟國家中，英國還有一些特別的規定，強制規定輸入的犬隻，必須在完成各項狂犬病疫苗注射後抽血，接著將血液運往國際認可實驗室檢驗是否已產生狂犬病抗體，完成測試後，還要先在當地自行檢疫隔離6個月，然後始可進入英國境內，至於其餘歐盟國家則沒有這個規定，而且必須以貨櫃拖運的方式帶入，不能隨飼主的同一班機入境。

**★日本：**

攜帶寵物進入日本的程序與歐盟大致相同，在此就不多贅述。

**★紐、澳：**

紐西蘭與澳洲可說是全世界檢疫最嚴格國家，除了前面提到的各項程序之外，還要進行心絲蟲、艾利西體、萊姆病、布氏桿菌、鉤端螺旋體的抽血檢測，如果無法通過這項檢驗，則必須等到疾病治癒且重複檢驗至及格為止，然後才能向官方申請輸入許可證，而且在出境之前還要再次進行檢查並強制洗澡，才能夠以托運的方式輸入紐、澳。

## 入境時的程序

如果要帶寵物入境，飼主應於前兩周向輸入地港口或機場申請，並經安排隔離檢疫就位後始得輸入。而在提出申請時應備妥下列文件：

一、犬貓健康證明書：須註明品種、年齡（或出生年月日）、毛色，並經過輸出國政府機構認可之獸醫師簽字。

二、狂犬病預防證明：應記載注射日期及使用疫苗種類。
三、狗兒的全身彩色4 x 6吋照片4張。
四、申請人護照或身分證影本。
五、申請人自行撰寫之申請書。

## 狗兒上飛機時的注意事項

　　一般飛機托運都會將狗算是超重行李，並以超重行李的方式計算運費，而且計算時可能會將狗與運輸籠分別當成兩件行李計算，運輸籠的長、寬、高總合不得超過269公分。另外，要帶狗兒上飛機時，至少要在起飛前5小時內告知航空公司機場服務處，以便進行調整艙壓與空調，且飼主與狗兒都必須在所有的乘客登機之後才進行登機。

　　又為了維持機艙內的環境衛生，狗兒在上機前必須先行餵食，在飛行的過程中是完全禁止餵食（但水不在此限，且只能放置給水器而不能有水盤以免灑出）。如果有必要，建議你在帶狗搭飛機之前進行麻醉，如此將可減少牠在旅程中感到的不舒適。

# PART 10

## 為狗兒添新裝

一般人可能都認為狗衣服只是一種為了滿足飼主觀感或虛榮心的奢華產品,但其實在欣賞的目的後面,狗服裝其實也有些實用的目的喔!而且如何挑選合適的狗衣服也是一門重要的學問,如果你以前從來沒有思考過,或是從來真正地了解過關於狗服裝的一些知識,相信在閱讀這個PART之後一定能夠讓你豁然開朗!

# 01 該為狗兒穿衣服嗎？

滿街都在販售漂漂亮亮的狗服裝，你是否也看得心癢癢的呢？可是我們的愛犬究竟是否應該，或者是否必須穿上這些狗衣服呢？

## 狗衣服滿足的其實是飼主

狗本身根本不會在意自己的外型好看與否，為狗兒穿上衣服之後，牠並不會告訴你是否喜歡或厭惡，為牠穿上哪件衣服其實對狗兒來說也沒有什麼太大的差異，狗衣服的功能其實最主要都是因為主人的喜好。

如果你想問是否該為狗兒穿衣服，這問題的答案應該是要問問身為飼主的你，如果你希望看到狗狗穿上好看的衣服，或者你喜歡看到牠有什麼特殊的裝扮，那根本不用多問，直接幫牠製裝、打扮就是了。

## 外來品種穿衣服才需要注意

身為飼主，你應該不會不知道自己養的狗是外來種還是本土的吧？

外來品種的狗兒因為原生地的環境的差異，因此當牠們在台灣生活時，很可能會有許多不適應的狀況發生，例如原本生活在寒帶地方的狗兒天生多半會有較厚的皮下脂肪和能夠有效保暖的毛，但這樣的身體構造若用在台灣這種又濕又熱的氣候區，當然會容易造成濕疹、滋生黴菌等的問題，而且也會因為高溫造成體溫散熱不良而有不適的狀況，因此來自高緯度的拉布拉多、哈士奇，或者來自高海拔的伯恩山、大白熊等品種，無論年紀大小，其實都不適合再為牠穿上狗衣服。

來自高緯度的狗其實都不適合再為牠穿上狗衣服。

而如果是原本生存於熱帶地區的品種，來到台灣之後則可能因為氣溫較原生環境低而感到寒冷，尤其是在每年多次冷氣團、寒流來襲的時候，飼主可能都必須要為狗兒穿上足以避寒的衣服，才能幫助牠們度過低溫的嚴冬。

# 什麼時候該穿鞋子？

**02**

相信你一定在寵物店看過架上掛的寵物鞋，如果你覺得這是沒有必要的裝備，那你其實就大錯特錯了！

## 寵物鞋的功能

　　狗的腳底都有一層肉墊，走路的時候是直接踩在路面上，不過原始環境與都市水泥叢林有很大的不同，野外的土地受到太陽長時間照射之後地面溫度也不至於升高太多，某些環境還會有天然植被，不但能讓狗兒走起來感到柔軟，更能夠有效防治地面溫度升高，但人類生活的環境則不是如此，處處可見的水泥、柏油路面很容易因為夏日豔陽高照，而造成地面溫度急速上升，當你帶著狗兒出門時，若要讓牠直接踩在攝氏50度以上甚至高達80度的地面上，牠的腳也是肉做的，牠又怎麼能夠受得了呢？

　　寵物鞋的功能就是要保護狗兒走在高溫的路面上而不會被灼傷，另外，當然也能夠避免因為路上的尖銳異物而讓狗兒的腳底被刺傷。因此，除非你從不帶著愛犬出門，或者你能夠百分之百地確定要經過的都是絕對乾淨的地方，否則建議你，趕快為你的愛犬添購一雙尺寸合適的寵物鞋吧！

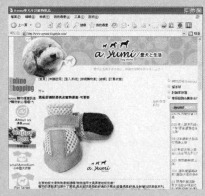

.寵物鞋能夠保護狗兒走在高溫的
地面上而不會燙傷。

## 狗兒想扯下腳上的鞋子該怎麼辦？

　　寵物鞋大致上都是在穿戴之後，還要以鞋帶綑綁在狗兒的腳上，不過依據實際的經驗來說，大多數的狗兒被飼主穿上了鞋子之後，都會因為不適應而極力地想要將鞋子給扯下，主人要做的就是立刻制止牠的動作，並且以耐心與愛犬長期作戰，才能夠讓狗兒接受並穿上一雙能夠保護牠腳掌的鞋子喔！

## 穿衣服時該注意什麼？

無論你為了什麼原因，只要不會造成狗兒的不適，或者引起任何的狗兒身上的病症，當然都可以為你的愛犬穿上合適或漂亮的衣服，不過在穿衣的時候，我們還是有些地方必須要注意喔！

### 穿上狗衣服不可造成身體不適

這點在前面就已經數次提到過，千萬別為不需要的狗兒穿上衣服，以免因為濕、熱、不通風等原因造成狗兒身體上的不適，否則讓狗兒穿上美麗衣服的代價，就是要花費大筆金錢帶牠去就醫並進行治療喔！

### 尺寸一定要合適

就如同人穿衣服一樣，要為狗兒穿衣服當然也要挑選合適的尺寸，大狗穿小衣或小狗穿大衣都會造成狗兒的困擾，穿上太小的衣服會對狗兒的身體造成壓迫，而且讓牠行動不便，太大的衣服則會拖地，讓狗兒在行走的時候踩到衣角，一方面容易弄髒衣服，另一方面也容易讓狗兒被絆倒而受傷。

### 切莫硬擠、硬撐

不一定是衣服太小才會硬擠、硬撐，有時候因為某些狗兒的獨特體型，也會讓一般尺寸的衣服不容易被穿得下，而因為多數的狗衣服都是在沒有試穿的情況下被飼主購回，發現不合適的時候可能懶得更換，或者仍然想看到狗兒穿上這套衣服的模樣，因此飼主就會勉強狗兒穿上，有時候因為硬擠、硬撐的結果，就容易造成狗兒身體上的傷害，這樣就有點得不償失了！

### 注意衣物的清潔

就如同人的衣服，狗衣也是必須要定期清洗的，尤其因為在穿著衣物時狗兒仍會坐、臥、躺在地上，而且狗兒排泄時不可避免地多少都會將排泄物沾染到衣物上，而污穢的衣物會滋生各種有害的微生物、塵蟎，不但對狗兒的身體有害，嚴重時連人都會受到影響，因此保持狗兒衣物的清潔當然是非常重要的。

而一般來說，除了某些特殊材質，或者有特殊造型的狗衣服必須以特殊的方式清洗之外，多數的狗衣服都可以直接使用洗衣機清洗，所以保持衣物的清潔其實並不會太麻煩，而為了狗兒與你自身的健康著想，一定要時常進行清洗喔！

# 04 雨天的好幫手——狗雨衣

對於許多養成習慣的狗兒來說，每天到外面遛達是不可或缺的例行公事，否則狗兒可能沒辦法進行大小便，不過若碰到颱風下雨，甚至是颱風天的時候，主人就會非常頭痛了，所幸現在有許多廠商推出狗專用的雨衣，可以很輕鬆解決主人的這個困擾！

挑選狗雨衣時，你除了要注意是否符合愛犬的身體尺寸之外，還有一個也很重要的環節，就是當你牽著狗兒出門時，一定會為牠配戴頸圈或胸背帶，如果你所購買的狗雨衣並未考慮這個問題，而沒有在雨衣上設計合適的開孔讓牽繩可以穿過，你就必須讓牽繩暴露在雨中，出門一趟之後，拿回的就會是一條濕透的牽繩，相信這並不是你所樂見的結果吧！

而接著你還需要注意雨衣的尾端，是否有能夠將雨衣固定在狗兒尾巴上的套環，如果沒有的話，只要狗兒開始奔跑，雨衣就會飄起，當然就失去了雨衣的功能了。

最後，還要注意四隻腳的部分，因為某些雨衣只包覆住狗兒的身體，四隻腳卻沒有任何遮蔽，但某些雨衣則會設計能夠包裹四隻腳，如此當然能夠避免狗兒的四條腿在雨中被沾濕。

而除了雨衣之外，也有部分廠商設計了方便飼主帶著狗兒在雨天出門的寵物雨傘，目前常見的有分為固定在飼主身上與牽繩形式的兩種，這也是一個不錯的選擇喔！

狗雨衣讓狗兒在雨天一樣可以外出（圖取自ayumi寵物服飾網站）。

除了狗雨衣之外，也有廠商製造狗雨傘（圖取自ayumi寵物服飾網站）。

# 05

## 月事專用的生理褲

狗也有生理褲？沒錯，你真的沒看錯，面對母狗差不多每半年一次的發情期，不斷流出的經血對飼主來說也是相當大的困擾，如果你也有上述的困擾，可以直接購買寵物生理褲，將能夠免卻你相當多的麻煩喔！

　　寵物生理褲的構造，就是一件能夠讓母狗穿在臀部的褲子，而生理褲的使用必須配合寵物護墊或者寵物尿布，當狗兒的生理期來時，先將護墊或尿布放置在生理褲中，然後讓狗兒穿上，就可以避免生理期的經血四處亂滴，使用上既方便又簡單，對於家中飼養母狗的主人來說是一個相當有用的產品。

　　至於搭配使用的寵物護墊及尿布，前者比較不容易找到，可能要到一些較大規模的寵物店才能夠購買得到，至於尿布則是在各家寵物店及寵物購物網站都能夠找得到，相信對所有有需要的飼主都不是難事。

寵物生理褲（圖取自蕃薯藤Her Mall網站）。

寵物尿布（圖取自寵物主義網站）。

# 漂亮高級感狗衣哪裡買？

## 06

為狗兒穿上漂亮的衣服，可以滿足飼主的視覺感官，但是到哪裡才能夠找到各式美麗的寵物衣服呢？

　　相信你一定曾在夜市中看過有攤販在販售寵物衣服，不過一般來說，這類在夜市、地攤販售的寵物衣服因為價格比較便宜，通常都不太期待能有較高的品質或質感。但其實目前國內已經有一些較具規模的寵物衣服設計廠商，雖然販售的產品價格較高，但若要尋找質感佳、品質優的寵物服裝，它們可能會是不錯的選擇。

　　以下我們介紹幾個比較具有規模，且口碑較佳的寵物衣服設計公司，如果你有興趣，可以先在這些公司的網站上先查看產品型錄，然後再找到各地的銷售據點進行購買。

### Tina寵物空間

　　Tina應該可算是國內頗具歷史的一家寵物衣服設計公司，每年Tina都會推出相當多款的寵物服飾，產品的涵蓋範圍相當廣泛且多元！

　　Tina寵物空間的網址為：「http://www.doge.com.tw/」。

### Sassy Dog

　　這是一家專營日、韓寵物服飾的公司，若想要購買該公司產品，可依照網站上的聯絡方式詢問可於何處購得。

　　Sassy Dog網址：「http://www.sassydog.com.tw」。

### ayumi

　　Ayumi是一個成立時間比較短的寵物服飾公司，走的是日系風格，但絕大多數產品都是自行設計、生產，其產品以高質感為路線，雖然品項不若前面提到的兩家多，但也在業界打出響亮的名號了！

　　ayumi網址：「http://mymall.netbuilder.biz/index.php?domain=ayumidogstyle」。

　　在此我們僅列出三家生產寵物服飾的公司，但當然不代表國內只有這三家公司設計、製造寵物服飾，只是我們列出其中較具代表性的幾間公司作參考。

## 與狗兒相關的重要法規

附錄 A

飼養寵物看似簡單，其實也有許多相關的法規是飼主必須注意的，如此才能保障你與寵物的權益與福利喔！

### 為狗兒買個保險

近年來隨著觀念的改變以及飼主對寵物的心態轉型，因此有越來越多的狀況，飼主會期待能夠為心愛的寵物進行各項保險，以降低飼養寵物所可能遭遇的風險及損失，也因此，政府已經審核關於寵物保險的業務內容，並且已有部分保險公司提出相關的保險產品了！

一般來說，我們可以依據寵物保險是否為依附在飼主名下的其他保險，而將寵物保險大略地區分為「獨立保險」與「附加保險」等兩種形式。

所謂的「獨立保險」就是無論飼主本身是否有向保險公司投保，飼主都可以直接向保險公司針對寵物進行投保，也就是說將寵物視為獨立的個體；至於「附加保險」，則是飼主本身必須已經向該公司投保，才能夠以附加條約的方式增加飼主本身保險的理賠項目，如此也就是表示將寵物視為飼主的財產，而非一個獨立的個體。

不過在本書截稿之時，寵物保險仍為一個初興起的保險項目，並非每一家都有推出相關的保單產品，某些保險公司可能都還保持觀望的態度，或者是仍在評估推出相關產品的可行性，即使是已經推出寵物保險業務的保險公司，所推出的保險形式也各有不同，例如侵權保險、寵物意外死亡保險、寵物協尋廣告費用保險、喪葬費用保險、寵物意外醫療費用保險、寵物寄宿日額保險等，種類繁多，筆者也無法為你一一盡數各種寵物保單，如果你有相關的需要，建議你可以先向各家保險公司打聽是否有此類保險產品，或者向你熟識的保險業務員詢問。

### 救救受虐狗

虐待狗兒的事件層出不窮，身為愛狗人士，如果你的周遭發生了這類的情事，相信你也會覺得於心不忍吧？此時你唯一能做的，就是向相關單位舉報，如此才能解救受到虐待的狗兒於水深火熱之中！

雖然希望不會有用到的一天，但筆者仍將各地的虐待動物檢舉專線、求救專線或網址列於下：

虐待動物檢舉專線：(02)8789-7158
台北市動物衛生檢驗所：
電話:(02)8789-7158 傳真:(02)2722-1540
台中動物保護協會報案電話：
(04)2372-5443、(04)2372-4943
中華民國動物協會的網址：
http://www.apaofroc.org.tw/
新竹市保護動物協會網址：
http://www.sawh.org.tw/xoops/mod
ules/myalbum/
台中市世界聯合保護動物協會：
http://www.lovedog.org.tw/
高雄市關懷流浪動物協會：
http://myweb.hinet.net/home11/kcsaa/
台南關懷流浪動物協會：http://www.carefor
dog.net/

### 寵物店應該遵守的規定

現在寵物店可說是如雨後春筍般地四處林立，但如何挑選一間合格、合法的寵物店呢？好的寵物店應該要符合政府的各項規定，但一般人可能並不知道一間合格的寵物店應該要通過哪些審核，而我們在這個單元中就來為你做個簡單的說明。

### 怎樣的寵物店可以販售狗？

在寵物店看到販售狗是一件相當理所當然的事情，不過若要依照現行的法令來看就不是這麼回事了！

農委會在民國89年就已經針對寵物店制訂了一套名為「寵物業管理辦法」，該辦法全文只有短短的13條，其中有許多條文都是針對寵物店販售、繁殖寵物的規定，如下：

**第三條**

經營寵物業者，其繁殖、買賣或寄養場所，應置具有下列資格之一專任人員一人以上：

一、職業學校以上，畜牧、獸醫、水產、動物等相關系、科畢業。

二、曾接受各級主管機關辦理或委辦之畜牧、獸醫、水產、動物等相關專業訓練一個月以上，領有結業證書者。

三、三年以上繁殖、買賣或寄養場所現場工作經驗。

**第四條**

申請經營寵物業者，應填具申請書，並檢具下列文件，向所在地直轄市、縣（市）主管機關申請許可：

一、申請人身分證明影本。

二、營業場所名稱、地址、位置圖、平面配置圖及面積。

三、寵物飼養或營業場所設備說明書。

四、飼養或營業場所土地同意使用證明或租賃契約。

五、繁殖及飼養管理規劃書。但未申請繁殖項目者免附。

六、停業、歇業時寵物處理切結書。

七、其他經主管機關指定之文件。

前項資料經所在地直轄市、縣（市）主管機關以書面或現場會勘審查同意後，發給許可證。

**第五條**

應辦登記之寵物業從事繁殖、買賣或寄養場所及設備應符合標準。

一、繁殖場所之營業面積應達66平方公尺以上，買賣或寄養場所不予限制。

二、營業場所之飼養面積不得超過總面積60%。

三、犬隻飼養面積，以每3.3平方公尺為計算基準，其最多可飼養大型犬1隻，中型犬2隻，小型犬3隻。

四、營業場所籠架設置最大層數：大型犬為平面圍欄或單層籠架（不得架設多層籠架）；中型犬為最多2層籠架；小型犬為最多3層籠架。

犬隻體型分類如下：

一、大型犬：23公斤以上。

二、中型犬：9至23公斤。

三、小型犬：9公斤以下。

若依照上述法規，一間寵物店想要合法地販售寵物犬，必須具備受過相關背景訓練的專任人員，然後才能向農委會進行申請販賣狗的牌照，而且販售的場地還必須具備足夠的空間。

而另外，除了上述的規定之外，實際上在申請牌照時，寵物店的店址則必須坐落於商業區，如果營業場所並不屬於商業區，將無法申請販售犬隻的牌照，不過如果是不打算販售寵物的寵物店，將沒有這個限制，即便是營業位置屬於住宅區亦可進行申請。

因此，如果你需要在寵物店購買幼犬，請你記得一定要先詢問店家是否完成合法的設立申請，在經過政府審核並發給販售牌照的寵物店購買犬隻，當然會比在非法營業的店家來得有保障！

### 寵物店可否販售動物藥品？

坊間有許多寵物店內公然陳列並販售動物用藥，甚至連傳染病疫苗都直接放在架上讓消費者購買，這究竟是否符合政府的相關規定呢？

**依據「動物用藥品管理法」第十九條的規定：**

「動物用藥品販賣業者，應向所在地直轄市或縣(市)主管機關申請，經審查合格並核發動物用藥品販賣業許可證後，始得登記營業。動物用藥品販賣業之許可標準、許可證應記載事項與變更登記、營業場所之設施及其他應遵行事項之管理辦法，由中央主管機

關定之。」

而依據上述條文，農委會則又另外制訂了「動物用藥品販賣業管理辦法」，其中與販售動物用藥品相關的規定有以下幾項：

**第二條：**

具有下列資格之一者，得申請為動物用藥品販賣業者：

一、依法設立登記之公司或商號經營動物用藥品之批發、零售、輸入或輸出，聘有專任獸醫師(佐)、藥師或藥劑生駐店管理動物用藥品。

二、動物用藥品製造業者在其製造處所經營自製產品零售業務。

三、依法設立之獸醫診療機構，由獸醫師(佐)自行管理零售動物用藥品。

四、農會、漁會、農業合作社聘有專任獸醫師(佐)管理動物用藥品。

**第五條**

動物用藥品販賣業許可證，應記載事項如下：

一、動物用藥品販賣業許可證字號。

二、公司或商號名稱。

三、負責人。

四、販賣業資格種類。

五、營業場所地址。

六、動物用藥品管理技術人員之姓名、專門職業證書字號。

七、其他應記載事項。

前項記載事項有變更者，應於事實發生後十五日內申請變更登記。第一項第六款所稱之動物用藥品管理技術人員係指第二條依法設立登記之公司商號、動物用藥品製造業者、獸醫診療機構、農會、漁會、農業合作社所聘用，管理動物用藥品之獸醫師（佐）、藥師或藥劑生。

**第六條**

動物用藥品販賣業許可證應懸掛於營業處所明顯處。動物用藥品販賣業者應製發動物用藥品推銷員服務證或識別證，動物用藥品販賣業者之推銷員執行推銷工作時，應隨身攜帶推銷員服務證或識別證。

因此，如果寵物店要販售任何的藥品，必須設置有駐店的獸醫師(佐)、藥師或藥劑生，並且依照「動物用藥品販賣業管理辦法」的規定向主管機關申請許可證，並將許可證懸掛於明顯處，如果你下次到寵物店看到販售藥品，卻看不到動物用藥品的販售許可證，就表示這間寵物店是違法販售，不但購買的藥品可能會有問題，你還可以向當地縣市政府逕行檢舉喔！

附錄 **B**

## 如何換算狗的年齡？

在飼養狗兒的時間裡，你一定會開始思考你的寶貝現在到底是幼兒、成年還是老年期，而這也是大多數飼主想要知道的事情。

傳統上，一般人會以狗1歲等於人6歲的簡單方式計算，又或者在許多網站上還會提供一張簡單的年齡換算表，甚至許多獸醫為了解說上的麻煩，也都是以這兩種換算方式教導飼主。不過實際上，不同體型的狗在身體的成熟、老化程度上一定有差異，所以並不能一概而論，一樣是兩歲，大型狗換算成人類年齡的結果與小型犬絕對不同。

在此提供一份比較精細的對照表給所有的讀者，建議你以後想要知道你的愛犬現在換成人類年紀時應該是幾歲時，只要依照體型再依照下表即可得到準確的年齡。

| | 小於9公斤 | 9到23公斤 | 23至41公斤 | 大於41公斤 |
|---|---|---|---|---|
| 1 | 7 | 7 | 8 | 9 |
| 2 | 13 | 14 | 16 | 18 |
| 3 | 20 | 21 | 24 | 26 |
| 4 | 26 | 27 | 31 | 34 |
| 5 | 33 | 34 | 38 | 41 |
| 6 | 40 | 42 | 45 | 49 |
| 7 | 44 | 47 | 50 | 56 |
| 8 | 48 | 51 | 55 | 64 |
| 9 | 52 | 56 | 61 | 71 |
| 10 | 56 | 60 | 66 | 78 |
| 11 | 60 | 65 | 72 | 86 |
| 12 | 64 | 69 | 77 | 93 |
| 13 | 68 | 74 | 82 | 101 |
| 14 | 72 | 78 | 88 | 108 |
| 15 | 76 | 83 | 93 | 115 |
| 16 | 80 | 87 | 99 | 123 |
| 17 | 84 | 92 | 104 | 131 |
| 18 | 88 | 96 | 109 | 139 |
| 19 | 92 | 101 | 115 | |
| 20 | 96 | 105 | 120 | |
| 21 | 100 | 109 | 126 | |
| 22 | 104 | 113 | 130 | |
| 23 | 108 | 116 | | |
| 24 | 112 | 117 | | |
| 25 | 116 | 120 | | |

■幼犬期　■成犬期　■老犬期

此表中的體重是以該犬種成犬時的重量，而非換算時狗兒的實際體重，例如拉布拉多幼犬1歲時的體重為18公斤，換算時應該以成犬時約40公斤的類型，換算成等於人類8歲，而非以當時體重18公斤換算成等於人類年齡的7歲。

## 如何為心愛的狗兒處理後事？

**附錄 C**

人都有生老病死了，何況是壽命比人更短的狗呢？無論你如何地用心照顧牠，總有一天你都一定得面對提前送牠一程的現實；我國民間有種傳統觀念，所謂：「貓死吊樹頭，狗死放水流」，這種方法如果現在還使用，相信警察先生一定會找上你，然而面對這種我們不願意碰上但又一定會碰上的問題時，究竟該怎麼做才對呢？

　　都已經進入21世紀了，對於狗兒的身後事我們當然也該有比較現代的處理方式，前面所提到的方式既不衛生也不環保，身為飼主的你，當然也一定不忍這樣對待你的寵物吧？

　　在本書的最後，筆者為你介紹幾種合乎時宜的處理方式，你可以依照自己所在的環境以及本身的能力，當將來有一天你的狗兒不得不離開這世界時，你才能從容地送牠走上生命中的最後一程！

## 土葬掩埋

　　國人傳統上都有「入土為安」的觀念，就算面對寵物的後事時，也會直覺地想到以土葬的方式處理，可能會直接找一塊合適的土地，例如住家附近的空地、花園、公園，或是山上，不過除非你是居住在鄉間，否則若以目前城市的環境來說，筆者並不鼓勵你採用，因為一方面不衛生，二來在寸土寸金的城市中想要找一塊合適的空地也不是那麼容易，再者，如果未掩埋妥當，遺體的氣味一定會引來野狗或外面的野獸，如此你的愛犬勢必屍骨無存，相信一定不是你所樂見。。

　　但如果你剛好能找到一塊合適的地點，也決定要以土葬的方式處理已經過世的愛犬時，請記得以下幾點：
　　一：在掩埋時，墓穴的深度至少要大於1.5公尺。
　　二：遺體必須妥善包裹，若可行的話最好在包裝內填入泥土。
　　三：掩埋時務必要記得確實埋妥。

在此我們是針對掩埋的方式作說明，至於是否舉辦儀式甚至豎立墓碑等，當然由飼主依照自己的信仰或意願進行！

## 交由縣市政府處理

　　各地縣市政府應該都會有相關環保部門提供集體焚化服務，有些在每年三節時也會舉辦相關的法會儀式。基本上縣市政府環保部門只針對所屬行政區內的民眾提供此服務，不過基本上因為辨識是否為本區民眾並不是這麼容易，因此其實只要送去請求協助的多半都會接受；另外，雖然是縣市政府所提供的服務，其實都還是會索取一些必要的費用，然而這筆費用已經是各種寵物後事處理辦法中最低廉的了！

## 送往私立寵物喪葬機構

　　目前已有多家私立寵物喪葬機構，處理上區分成集體焚化及個別焚化，集體焚化大約需花費新台弊1,000至3,000元，個別焚化當然在費用上較為昂貴，約可能需要4,000至10,000不等。經由私立寵物喪葬機構處理之後，飼主可以帶回自己寵物的骨灰，另外也有提供寵物納骨服務，但若需安置骨灰當然也是另外計費；安樂園也會定期舉行法會，如果飼主願意負擔這些費用的話，其實當然是個不錯的選擇。

## 尋求獸醫協助

　　獸醫診所多半都會協助飼主處理寵物的後事，而實際上獸醫師的做法也不外乎前述的兩條途徑，不過因為多少都會酌收一些手續費用，所以所需的價格當然會比飼主自行送去焚

化來的高，不過對飼主而言，換到的就是一個便利性。至於處理的結果，就如同前述，而如果飼主想領回骨灰，當然要先向獸醫師表明。

## 製作成標本：

　　將過世的寵物做成標本在近年來比較被飼主所接受，甚至連電視新聞，寵物書籍、雜誌等都紛紛有相關的報導。製成標本可以讓過世的寵物保存在你的身邊，不過在費用上則比較高，基本上大概都需要3,000至40,000元之間。

## 製成生物寶石

　　所謂的生物寶石，就是以高科技將寵物的骨灰做成人造的寶石，方式就如同我們所知道的人造鑽石一樣，不過因為需要極高的科技及技術，因此價格上當然是各種處理方法中最為昂貴的一個，無論是製成哪一種寶石，造價動輒五位數新臺幣，實非一般市井小民所能夠負擔！

　　而關於前述各種模式的處理機構，其實讀者都可以直接在各大搜尋引擎中輸入關鍵字，然後就能夠輕鬆地找到，而且因為隨時都有許多新的相關機構出現，我們實在無法一一列舉，因此建議你直接上網搜尋，或者向你認識的寵物店或獸醫師詢問即可。

國家圖書館出版品預行編目

新手養狗實用小百科----勝犬調教成功法則
蕭敦耀著.----初版----
台北市：朱雀文化，2007〔民96〕
面：公分.----（MAGIC 017）
ISBN 978-986-7544-93-3（平裝）

1.犬一飼育
437.644

## MAGIC 017 新手養狗實用小百科——勝犬調教成功法則

| | |
|---|---|
| 作者 | 蕭敦耀 |
| 文字編輯 | 馬格麗 |
| 美術編輯 | 許淑君 |
| 企劃統籌 | 李橘 |
| 發行人 | 莫少閒 |
| 出版者 | 朱雀文化事業有限公司 |
| 地址 | 台北市基隆路二段13-1號3樓 |
| 電話 | 02-2345-3868 |
| 傳真 | 02-2345-3828 |
| 劃播帳號 | 19234566朱雀文化事業有限公司 |
| e-mail | redbook@ms26.hinet.net |
| 網址 | http:/redbook.com.tw |
| 總經銷 | 展智文化事業股份有限公司 |
| ISBN | 978-986-7544-93-3 |
| 初版一刷 | 2007.02 |
| 定價 | 199元 |

出版登記北市業字第1403號

About買書
· 朱雀文化圖書在北中南各書店及誠品、金石堂、何嘉仁等連鎖書店均有販售，如欲購買本公司圖書，建議你直接詢問書店店員，如果書店已售完，請撥本公司經銷商北中南區服務專線洽詢。
　北區（02）2250-1031　中區（04）2312-5048　南區（07）349-7445
· 上博客來網路書店購書（http://www.books.com.tw），可在全省7-ELEVEN取貨付款。
· 至郵局劃撥（戶名：朱雀文化事業有限公司，帳號：19234566），掛號寄書不加郵資，4本以下無折扣，5～9本95折，10本以上9折優惠。
· 親自至朱雀文化買書可享9折優惠。